コンフィデンス シンキング

~成功のための7つの絶対原則~

CONFIDENCE THINKING

自信——思考

[日] 泉忠司 著

傅仲 译

WUHAN UNIVERSITY PRESS
武汉大学出版社

作者简介

在日本被称为"做任何事都可以成功"的人——泉忠司

泉忠司，1972 年出生于日本香川县高松市。

高中时只用了半年时间，就将偏差值 [1] 从只有三十的成绩

提升到全国模拟考试第一名。

留学英国剑桥大学，曾任早稻田大学英国研究所客座研

究员、横滨市立大学讲师。现任青山学院大学、日本大学以及

国士馆大学讲师，研究方向是英国文化及英国文学。

由于他在自己所涉及的任何领域都取得了巨大的成功，

所以被称"做任何事都可以成功"的人,是日本的一位传奇人物。

---

[1] 偏差值，日本对于学生学习力的一种计算公式。偏差值越高，表示在全体学生中的学习能力越强。作者原来的偏差值是三十，这是很难考上大学的成绩。

从《完全制霸！唱歌背诵英语语法》（青春出版社）开始，泉忠司便开启了"做任何事都可以成功"之路，该唱片内收录的歌曲始终在日本的 KTV 点歌榜上排在前列，且销量可观。此后，泉忠司决定写一本畅销书，他的青春小说《CROSSROAD》系列成为销售上百万册的畅销书。遍及各领域的作品多达四十多种，销售累积超过三百多万册。

由于他不断提出不囿于既有形式的企划方案，因此也有人将他称为"跨传媒时代的宠儿"。他推出的企划案都会形成话题，例如：融合影像、音乐、摔跤、书籍等综合娱乐企划"LOVE & HUSTLE"；标榜重视环保、目前人气火暴的偶像团体"KIRAPOJO"；由七十几位平均年龄四十岁的女性组成的偶像团体"武士玫瑰"；与河村隆一合作的结合音乐和小说形式的作品《拥抱我》（小说：德间书局；音乐：avex）等。他也曾担任中日韩三国共同企划的"百万棵树造林活动"的特别顾问（负责跨界娱乐）。

包括日本动画《小浣熊》的特别宣传部长在内，他参与过许多跨领域企业的工作与顾问，从事管理咨询和拟定策略等工作。

另外，他还以演员、导演、编剧、作词、歌手、摔跤手、珠宝设计师等不同身份，活跃在不同的领域。2011 年，他因"跨领域的文化贡献、国际贡献不计其数"，在年仅 39 岁之龄获得东久迩宫文化奖。

日本各界名人推荐

泉先生有着非常精准的思考模式，书中充满了实现、完成某个目标的终极思考技能。对于泉先生以其经验总结出的思考精华，请尽情吸取采纳。

——日本著名人脉构筑师　内田雅章

世界上没有不可能的事。阅读这本书后，我充分意识到人能够将不可能的事情变成可能，最根本的原因就在于拥有自信。一定要让自己养成自信的思考方式，成为日本、世界、整个地球上最具人气的偶像团体。

——偶像团体 KIRAPOJO 队长　尾家君

在我一贫如洗的时候，我反而热衷于与富豪交往，入住世界顶级的饭店，感受那个世界的一切。我让脑中感受到的一切都渗透至全身，无形中，我就产生了自己是"日本第一"的自信。而这，正是实现梦想的根源。本书将授予你成功的力量。

——日本首届一指的成功指导员　Chris 冈崎

我是一名心理咨询师，我的主要职责就是与人们的内心相处。现在，对于大多数人来说，最重要的莫过于"心灵法则"。泉先生和我是向同一目标前进的竞争伙伴。本书一定会让你感受到我们那种热切的意愿。

——心理训练师　久留麻美

本书有着最通俗的语言，最浅显的叙述方式，但是其基础概念却充满着心理、脑科学最先进的知识。拥有本书，就意味着你拥有了一件最强的武器，只要你能够理解书中的理念，并执行该理念，你就能拥有一个完美的人生。在当下这个时代，我希望能够让更多的人看到这本书。

——福祉、医疗、教育服务集团 AZALEE 理事长、

医学博士　来栖宏二

我截至到今日的整个人生中，遇到过各种各样的人，而泉先生无疑是具有真材实料的一位。从这本书中我们能掌握泉先生自信的思考方式，显然，这本书是必读之作。

——异界人士交流平台 VAV 俱乐部会长　近藤昌平

武士玫瑰是一个由普通的四十多岁的女性组成的团体，在其出道当日，其成绩就超过了 AKB48、B'z 和岚，在日本亚马逊网站的音乐排行榜上排名第一，周排名也有第六的成绩。我们的成员用实际经验证明，只要有自信思考，每个人都能够心想事成。

——武士玫瑰队长　莎拉

只要能够掌握泉先生的建言，自信思考就会变成指引人生走上正确道路的风向标，当你面对任何困难的时候，都会行有余力，斗志昂扬。

——关根摄影事务所负责人　关根孝

自信思考有着实践的价值。当我们在执行"梦合宿"这个计划时，实践了自信思考，结果取得了非常大的成效。孩子们向梦想一步步走近。而且，仅仅在三个月之内，居然就培养出了电影界的小童星。

——《利用梦想的圆，孩子就能充满干劲》作者　高岸实

泉先生让人产生了巨大的共鸣。他一直在清晰地传达着这样一个信息：挑战无比之美好。我也是一个热爱挑战的人，我很高兴，当我阅读了本书之后，变得更加积极、更加快乐地过我的人生。

——日本泡沫行动公司董事长　高山义泉

泉先生的自信思考，令我茅塞顿开。从小，我就被身边的人，包括我的亲人评价说，我过于自信，我也将这一点当成是缺陷。当我看了这本书之后，我才发现过于自信和冲劲十足是一体两面，我瞬间有种被救赎的感觉。可以说，我对人生的积极进取，都是因为我具有自信。我诚心推荐这本好书。

——飞马计划董事长　田中俊英

我一直坚信，充满自信、放手一搏，对于人生是非常重要的。泉先生书中提到的观点和我不谋而合。我由衷认为，不仅仅是年轻人，所有的日本人都应该有自信，勇于迈出第一步，为了日本，为了整个世界，这都是至关重要的。

——T 通讯控股公司社长　富田贤

泉先生周游了世界后，他发现日本人的物质生活非常丰富，但是年轻人毫无魄力和自信，这一点让他感到深深的担忧。让自信思考覆盖到每一个人，让日本人找回应有的自信，若是这样，用梦想和希望装点人生的人会变得越来越多吧。现在社会，已经从拜金主义转移到了心灵至上，因此我向每一个人推荐这本书。

——个人品牌顾问　鸟居佑一

泉先生，一个连续不断创造巨大成功的人，将毕生经验汇聚成一本书。书中的每个案例都浅显易懂，因为切合实际，所以容易理解。最关键的一点是，要达成目标，最根本的因素不在别处，就在你的心里。这本书最大的功用在于让你知道此刻就要开始行动。

——日本舞蹈花之本流宗师　花之本海

在 2008 年，我将早餐吃香蕉减肥的概念流行起来。我只是印刷公司的一名普通员工，我之所以能在两年的时间内带动一种社会潮流，就因为两个字：自信。如果从本书的角度来说，就是"每一个人都能够实现自己的梦想"。

——国际 TOKA 协会理事长、《神奇！芭娜娜香蕉早餐减肥法》作者　哈麻吉

从小，我就拥有自信思考的心理因素之一：乐观。但是，随着年龄的增长，乐观在慢慢减弱，虽然因此我的协调性变得更好，但是，从自我实现这一点来看，仍然让人觉得遗憾。幸运的是，这个能力虽然会减弱，但是可以通过学习来强化。因此，从能够始终维持并强化自我的泉先生身上，我们能够学习到凡事只要多尝试，就能够确实提升自身的自信思考力。

——作家、心理辅导顾问、成城心理文化学院代表　晴香叶子

曾经，我是一个滞销书的作者，但是，在与泉先生结识后的一年中，我出版了八本书。因为我看到他不但在从事各种工作，而且还在坚持出版作品。当我意识到"既然他能够做到，那么我也一定可以"的时候，我阅读了泉先生的这本书，书中描述了他做的所有事情，因此，我也知道了为什么他可以做到。我一边读书，一边详细做笔记。从此，我的人生变得不同了。

——畅销书《一秒钟让他爱上你》作者　藤泽步

本书作者泉先生的执行力和想法，会让人大吃一惊。书中的说明具有逻辑性，每条理论的实际案例都简单明了。我将这本书推荐给大家，是因为这是一本可以在未来八十年中反复阅读的人生的指南。为了改变萎靡不振的日本，我一定要将这本书送给更多的人。

——儿童公司董事长　北条晃二

想要拥有怎样的人生，你的目标能否全部实现，这一切都仰赖于"自我印象"。如果自我印象不是那么完美，即使得到机会，即使再如何磨炼自己的才能，你都无法走向理想中的人生。自信思考的第一步就是提升自我印象，像传送带一样将你运送到理想的未来。

——实现梦想的宝地图提倡者　望月俊孝

对于没有自信的人来说，这是一本必读书。"仅仅是通过阅读，你的内心就会轻松起来，进而化成行动，让自己变得更加幸福"——泉先生正是这个系统理论的发明者与实践者，这本书是泉先生集大成之作，也是为每一个人带来光明人生的作品。

——集中力训练师　森健次郎

前言

让你瞬间改变的思考方法

通常，对于已经产生的"结果"，我们无法去改变它。

举例来说，假如你今天收到了托业（TOEIC）考试（国际交流英语考试）的成绩，结果只拿到了四百五十分。这个时候你说"我托业考试得了九百分"，这也不过就是说大话而已。因为，事实上你的成绩是四百五十分，这个成绩并不会因为你的话语而发生改变。

若想改变"结果"，就一定要先改变你的"行为"。

话虽如此说，但是一个人长年累月养成的行为习惯，并非朝夕就能改变。而且，要改变你的"行为"，首先要改变你的"思维模式"。

当然，这一系列的改变，不需要你投入一分钱。

可以说，简直就是零风险，高收益。

什么是思维模式?

思维模式包括逻辑思考、水平思考、批判思考以及杠杆思考等这些一直以来受到人们提倡的思考方式。在这本书中，我要提出、传授给大家的是唯一一种引导人们走向成功的绝对思考方式：自信思考。

可以说，自信思考涵盖了到目前为止人类所有的思考方式，也不为过。

囊括这种思考法的思考方式

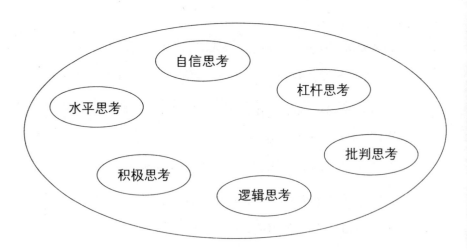

下面列出的状况，都会影响人们成功。但是，只要你掌握了自信思考，你的人生就会发生天翻地覆的变化。

○ 事业失败

○ 工作不顺

○ 觉得自己什么都不是

○ 觉得自己还能更好

○ 认为自己是因为资金缺乏才导致了失败

○ 认为自己是因人脉稀薄才导致了失败

○ 认为自己因为时间紧迫才没有做好

○ 认为自己学历不足导致了不顺利

○ 对现状不满

○ 励志类书籍丝毫无法打动自己

○ 即使参加培训、研讨会也毫无收获

○ 对于想要的东西永远得不到

○ 无法实现梦想

○ 无法接受讨厌的工作

○ 希望自己有所改变

○ 想找到自己存在的意义

○ 想做自己喜欢的事情，让生活变得更丰富多彩

○ 对于自己想做的事情，都希望能够去做

○ 对于自己想要的东西，都希望能得到

○ 希望认识自己想认识的人

○ 对幸福充满向往

○ 想获得真正的成功

○ 希望工作和生活都是充实的

○ 想改变未来

○ 想改变世界

人，不应该只有"梦想"，而是应该有"目标"。

或许，在你"想做某件事"，或者"想要某个东西"的那0.01秒的瞬间，还可将之称为"梦想"，但是在接下来的时间里，它就不该被称为"梦想"，而是"目标"。

对于人类来说，基本上没有做不到的事情。而且事实上，人类过去的目标大部分都已实现。这样，我就有了想做的事都会实现的自信。

这是因为，我将"目标—达成"结构化。也就是说，我做出了"目标—达成"这个传送带，然后将不同的材料放了上去——

如果，材料是"大学的英文成绩"，那么就可以拿到高分。

如果，材料是"小说"，那么就会写出畅销作品。

如果，材料是"演员"，就可以主演大型舞台剧或者电影。

如果，材料是"商品策划"，就可以创造出新产品。

如果，材料是"商品营销"，就可以制造出畅销商品。

如果，材料是"经营"，就会让业绩迅速增长。

无论材料是什么，方法都是相同的，就是"目标—达成"这个传送带。而"目标—达成"这个结构本身，就是自信思考。

自信思考作为一种思考模式，其基础是根据我自身经验所形成的思维模式，并结合行动心理学、脑科学等最新科学知识而形成的。

另外，我运用社会学方法的田野调查，通过采访商业界、娱乐界、体育界等多个领域中的成功者，以及在这些领域中无法实现目标而希望通过参加研讨会有所收获的人，获得的数据、事实，加以研究，构建出了这个思考方式，并通过实验证明了理论的可操作性，证明了——

想做的事就一定能做到！

想要的东西就一定能得到！

通过这种思考方式，任何人都会获得瞬间的改变，而且在这个改变的瞬间，会给自己建立通向成功的桥梁。

这就是自信思考。

在本书的讲述过程中，我会穿插事例，陈述构成自信思考的七项绝对原则或者说七个步骤。

第1步 自信不必有依据

贯穿自信思考的第一个关键点就是自信。这一点是基础，没有自信，即使你有顶级的策略，即使你无比勤奋肯干，你都无法获得满意的成果。

但是，还是有人会这样说："虽然自信无比之重要，可我依旧还是没有自信。"对于这样的人，他们最大的错误就在于其思维方式存在谬误。

第2步 学会运用理解

理解，是自信思考的第二个重点，它与自信一样，同样贯穿于整个自信思考，是其基本概念。

在这个部分，我会阐释那些"想要改变现状""认为只要做点什么就能改变现状"的人，思维方式上常出现的错误。

第3步 确定真正的目标

对于大部分人来说，他们无法完成自己想做的事情，其最大的问题在于他们不知道如何制定自己的目标。因为没有确定真正的目标，所以会产生挫折感。

我将根据具体的案例，阐述如何制定目标。

第 4 步 掌握分析技能

分析包括自我分析和目标分析。你有没有听过"他见の见"① 这个词？你收集信息的方式是否本身就存在问题？

在这个部分，我会传授准确分析的技巧，让你在面对浩如烟海的资讯时有章可循。

第 5 步 拟定有效策略

"找到达到目标的最短距离"，这一点可以说是我最厉害的能力——要达到既定目标，该如何思考，该采取怎样的思考流程，该采用怎样的思考技巧。

在这个部分，我将贡献出我全部的成功经验，并会传授每一个人都能够做到的拟定有效策略的方法。

---

① 他见の见，日本表演理论术语，指通过与观众相同的第三视角，客观地观察自己。

第 6 步 有行动，才有结果

"知道"和"做到"之间有巨大的距离。对于学到的知识、技能，如果你没有运用，就等于没有学到。

我们一定要明确行动者与没有行动的人之间的差异，并养成行动者的习惯。

第 7 步 愿景会激励你自我实现

如果能够做到自我实现，就会对未来产生愿景。

这不仅仅是对你自己的人生，还包括你在乎的人的人生，并过渡到对国家、对整个世界都会有这样的影响。

据说，成功的必要元素中，80% 都属于精神层面。

在你的心中，有无限的可能被压抑着。自信思考，就是破除压抑这些可能的所有障碍的利刃。

并不是你的未来是美好的，而是此刻，这份美好就已经发生在你的身上。

现在，就马上翻开开启你美好人生的第一页吧！

目录

●

第 *1* 章 | 拥有自信，不需要任何根据 1

●

拥有自信，不需要任何根据

大部分事情，能做到第一次，就能做到第二次。
你能够打出一个好球，你就能打出第二个好球。
拥有自信并不难，可以说非常简单，
而且，每一个人都可以瞬间获得自信。

事例 1

　　佐藤纯平，32 岁，任职于一家广告公司。当时有一支广告要进行比稿提案，为了这支广告，他非常认真地做了准备，他制作了影像资料和纸本资料。对于他来说，他是在做足了所有准备的情况下参加当天的比稿提案的。但是，他的最大竞争者则派出了曾经制作过多支知名广告，并且在行业内有着巨大知名度的企划人员来提案。

　　"怎么会是他来提案？"

　　"看来我没有任何希望了……"

　　果然，抱着这种想法的佐藤纯平在这次提案中惨败。

　　他自我安慰说："我之所以失败，完全是因为对方派出了一个重量级的对手。"

拥有绝对自信，不需要任何根据！

自信思考的第一项绝对原则就是：自信。

从我上面讲述的那个事例中，可以看出，在认为自己无法取胜的那个瞬间，胜负就已经确定了。既然已经认为自己无法战胜对手，那怎么可能会取胜呢。

一个人，无论是在生活中，还是在工作中，要想向着真正的成功迈进，那么，比任何获取成功的条件都重要的一点就是，拥有毫不动摇的绝对自信。

并且，这份自信不需要任何根据！

我再强调一次：

拥有绝对自信，不需要任何根据！

大部分缺乏自信的人，其犯的最大错误就是为了拥有自信而寻求根据。

这是完全错误的！

"先有鸡还是先有蛋"，至今仍没有结论，但是，"先有自信还是先有自信的根据"这一问题的答案则丝毫不必犹疑。

答案当然是：先有自信。

举个实例来说，在每一个人看来，活跃于美国职业棒球（简称职棒）大联盟的铃木一郎总是自信满满地站在他的打击区，即使是通过电视画面，也会让我们感受到他那种"世界上不存在我打不到的球"的满满的自信感。

当然，铃木一郎的自信或许来源于"目前正身处职棒大联盟，并获得许多奖项"这一事实。

但是，你有没有想过他在进入职棒大联盟的第一年是怎样的处境？

一开始，他在职棒大联盟中也没有击出过任何一支球。尽管如此，从铃木一郎第一次比赛的第一次挥棒到现在，他一直都自信满满。事实也是如此，在他来到大联盟的第一年他就获得了打击王和MVP的殊荣。当然，当他在日本的时候，就连续七年蝉联打击王，或许这就是他的"依据"。

那么，再向前追溯一步，铃木一郎第一次打球的时候是什么样的状态呢？

虽然，我们无法得知当时的情形，但可以肯定的一点是，没有人能想象出一个毫无自信的铃木一郎站在打击区。相信大家想象到的，一定是和现在那个自信满满的铃木一郎重合的身影。

不仅仅是铃木一郎，即使是长岛茂雄、王贞治，以及美国大联盟中的超级巨星贝比·鲁斯（Babe Ruth）、贾里格（Lou Gehrig）等，都有过人生的第一场比赛、第一次站在打击区的经历。

在此之前，任何一个人都不曾在正规比赛中击出任何一球，也就是说，每一个人都不存在第一次挥棒就能将球成功击出的根据。

直到这一刻，第一次面对眼前的投手，第一次面对他投出的飞速运转的球。

这么快的球，我根本不可能打出……

为什么我每天只做两个小时的挥棒训练……

如果练习的时候再多做一点就好了……

如果站在打击区的人脑中充斥的是这样的想法，那他应该打不到任何一球。

不可能打得到。

要想改变"结果"，首先要改变的是你的"行为"；若想改变自己的"行为"，第一步就是改变你的"思维模式"。

在前言中我已经阐述了这个观点，如果你的"思维模式"是消极的，那么就会陷入最糟糕的负循环中。

"不可能打到"（思维模式）→

"站在打击区"（行为）→

"三振出局"（结果）→

"果然如我所料，下次也一样打不到"（思维模式）→

"再一次站在打击区"（行为）→

"三振出局"（结果）→

"果然是这个结果，原来我根本没有打棒球的天分"（思维模式）

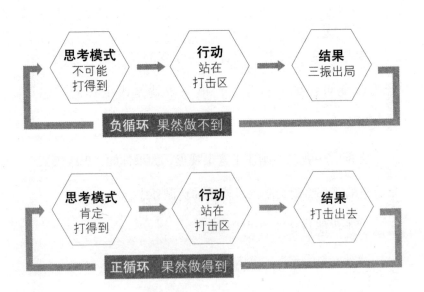

如果，将这样的思维过程换成以下的方式，那么结果会怎么样呢？

投手的球速真的很快，

但我还是可以打得到的，

因为我每天都会练习两个小时的挥棒。

投球吧！一决胜负吧！

你是否发现了，这样的思维方式与前面的有什么不同？

那就是"只有"做两个小时的挥棒练习变成了"都会"做两个小时的挥棒练习。

这一事实不变，那就是：每天做两个小时的挥棒练习。比赛中的对手是谁、会出现怎样的情况、站在打击区，这些事实都不变，仅仅是将"只有"变成"都会"，这么一个小小的差异点的转变，就使得整个思维模式发生了改变。

是的，一个带着自信站在打击区的人，怎么可能无法获得成功呢。而且，最理想的状况是马上看到结果。

然后，就会实现下面这种正循环。

"一定打得到"（思维模式）→

"站在打击区"（行为）→

"打击出去"（结果）→

"果然打到了，能打到那么快的球，我真强"（思维模式）→

"再一次站在打击区"（行为）→

"全垒打"（结果）→

"又打到了，我真是个棒球天才"（思维模式）

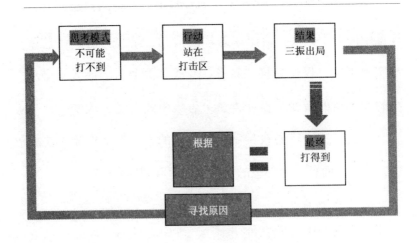

当然，即使是带着满满的自信站在打击区，也有打不到球的情况出现。但是，就算是这样，就算是三振出局，那也一定是有着某种原因的。

这一点非常关键，**失败的产生是因为某种原因**。

可能是在打击区站立的位置不是很好，可能是球棒把手部分过长，可能是手肘内侧不舒服，可能是因为自己太紧张，可能是没有集中注意力盯着球，可能是自己的肩膀缩得太紧，可能用的是自己不熟悉的球棒，可能是挥棒的速度太慢。

总之，你的失败是有着一定的导致因素的。

当你的结果以失败告终的时候，你一定不要因此丧失信心，而是无论如何都要保持着绝对的自信，然后改变你的行为。

失败的时候，只需要改变行为，再来一次。

就是这样！

只有这样做，你才会发现自己的弱点，其实，这个时候你就已经向前迈进了一大步。

"不可能打不到"（思维模式）→

"站在打击区"（行为）→

"三振出局"（结果）→

"不可能打不到啊，真是太奇怪了。刚才我挥棒的速度有一点慢，下次站在打击区的时候，我要稍微往后一点站着"（思维模式）→

"再一次站在打击区"（行为）→

"三振出局"（结果）→

"我绝对打得到，下一次稍微向前握一点球棒"（思维模式）→

就是这样，如果仅仅是靠运气，在 100 次的打击中，至少也会击中一次吧。当你击出一支安打的时候，你就形成了自己可以击出安打的自信的依据。

我希望大家明白的是，比起依据，自信更重要。**只要拥有"自信"的行为，"依据"就会自然而然出现。**然后，凭借依据就会形成新的自信，接着新的依据出现。如此一来，正面的循环就形成了。

"先有自信，然后形成依据"，这本身就是正确的。而"没有依据所以不自信"这样的说法毫无道理可言。

能做到一次的事情，就能够做到第二次、第三次。

当我们学骑自行车的时候，会跌倒很多次，但是一旦学会，这辈子就都不会忘记。游泳的时候，虽然一开始很难游到25米，但是一次游到了，那么不管怎样一直都会游到。

能够成功一次的事情，就能够成功多次。

能够击出一支安打，就能够击出很多次。

拥有绝对自信就是这么简单，任何人都能够瞬间做到。你只需要稍微改变一下你的想法，将"只有"改成"都会"即可。

——关键在于，你不需要任何依据。

请立刻，马上，当下就开始实践。

阻碍绝对自信的因素有哪些?

拥有不需要任何依据的绝对自信，每一个人都可以瞬间实现，因为你只需要将思考的方式从"只有"转变成"都会"即可。但是，大部分人都难以做到绝对自信，究其原因，有两项因素阻碍了绝对自信的实现：

1."未知"，即没有体验过的事情；

2.他人的看法。

如果你能够意识到，这两项因素会欺骗你的思维，那么你就能够消除内心的不安。

没有体验过的事情，不代表就一定会失败

人们处于以下几种境况时会比较没有自信：

▲曾经失败过的事情；

▲做过却没有达到预期的事情；

▲没有见过身边的人做过的事情。

举例来说，如果你就读的高中从来没有人考上过东京大学[①]，那么你就会产生这样的想法："我考不上东大，东大是特别的人才能考上的。"

相反的，如果你就读的是开成、滩这种知名的高中，由于每年都有很多人会考上东大，所以你就会产生这样的想法："考上东大非常简单，每个人都能读东大。"

曾经风靡一时的漫画《东大特训班》，描述的就是不良学生仅仅用了一年的时间就考上了东大的故事。

我和这部漫画的编辑佐渡岛庸平交谈时，听他讲了一件非常有趣的事情。佐渡岛先生毕业于滩高中和东京大学英文专业，毕业后任职于大型出版社讲谈社[②]。

他说，在高一阶段，一般公立学校的学生和滩高中的学生，他们在实力上并没有太大差别。但是，最终滩高中每年有很多学生考入东大，而一般的公立学校中却没有几个能考上。

这个巨大的差距根源仅仅是思维模式的差别所导致的。

[①]　后文简称东大，全球享有极高声誉的日本综合型大学，日本最高学术殿堂，综合实力稳居日本国内大学第一位。

[②]　1909 年创立于东京的出版机构，是日本最大的综合性出版社。

重点高中的学生，因为看到学长学姐很多都考上了东京大学，所以他们在平时学习时会抱着这样的心态：

学长、学姐能考上，我也能考上！

相反，越是地区型的普通学校，越是会秉持着东大神话的思维。因此，这些学校的学生就会抱着这样的心态来学习：

东大是特别的学校，我是考不上的！

一份资料可以证实思考模式对结果的影响。

2005 年，《东大特训班》被拍成了连续剧，并且大受欢迎，第二年，东大的录取名额中，来自开成、滩、驹场、东邦以及洛南等著名私立高中的学生比例有所下降，而地方高中，尤其是公立高中考入东大的比例大幅度增加。

对于这种现象的产生，并不是因为在这一年的时间中，公立高中学生的学习成绩比前一年提升了多少，而是受到《东大特训班》的影响，很多人产生了"任何人都能够考上东大"的想法。

无论是体育界、商界，还是表演界，人们普遍承认的成功者，都不会讲出这样的话：

"不可能"或"没办法"。

莱特兄弟正是因为确信人类能够在天空飞翔，最终才造出了飞机。如果根本不相信人类可以飞翔，那么是造不出飞机的吧。

同样的，如果不坚信人类能够进入太空中，就不会有人制造出火箭。

那些引领世界潮流的大企业的高层们，如果他们觉得"不可能做出××"，那么今天的世界将不会有手机、电脑、蓝光光碟等发明。

再或者，你觉得，世界上那些奥运百米金牌的得主会有这样的想法吗？

人类根本不可能在十秒内跑完一百米！

当然，无论是手机、电脑、飞机、火箭，还是第一个在十秒内跑完了一百米的人，在这些事实不存在之前，对于所有人来说，它们都是一个未知数，都是没有经历过的事情。

但是，即使没有任何根据，正是因为有"一定做得到""不可能做不到"的绝对自信，所以才能实现。

很多人会小看人类的力量。

对于生活在现代社会的人来说，一切都是理所当然的，但是请仔细想想，人类今天能够做到的很多事情，其实都是超越想象的了不起的事情。

为了在天空中飞行我们制造出飞机，为了在海底畅游我们制造了潜水艇，为了飞向宇宙我们制造了火箭……

天气冷的时候就打开空调提升温度；拿出手机，按下按键，就能和地球另一端的某人通话。在数十年前，手机这个东西还只是"007"系列电影中詹姆斯·邦德的秘密武器，但是到如今，就连小学生都有了自己的手机。

另外，还有遗传工程中的人工授精，这已经是超级了不起的科技了，难道不是吗？

更重要的是，人类如今的成就仅仅是动用了脑容量的几个百分比而已。

所以，你当然做得到任何事情，你是人类中的一员。

虽然，曾经你并没有经历过这样的事情，而且你身边的朋友也没有实现过，可这一切都不过是一种"巧合"：

没人考上东大吗？

在日本，可是有很多人考上了。

每年有超过三千人会考上东大，累积下来，历年来可是有数十万人考上呢。

只不过是"恰巧"你身边没有人考上而已。

没有人会说英语？

在日本，会说英语的人可是很多呢。

如果你在东京站闲晃十分钟，我想，你就会和好几个会说英语的人擦肩而过。

只不过是"恰巧"你身边没有人会说英语而已。

只是对于自己来说没有经历过，或者只是对自己来说是未知数，这和"不可能"或"没办法"完全是不同的含义。

对于人类来说，没有不可能的事情。

对于你来说，也同样没有不可能。

别人的意见真的很重要吗？

第二项阻碍绝对自信的要素时刻存在于你的身边，那就是别人的意见。更糟糕的是，很多人并没有意识到这一点。

越是亲近的人，家人、恋人、朋友，就越容易成为扼杀你梦想的人，阻碍你拥有绝对自信。

请回头仔细想一下曾经，或者请想象一下下面的场景。

"我要当职业棒球选手。"

"我要当奥运冠军。"

"我要当日本首相。"

"我要当歌手，走上红白歌唱大赛① 的舞台。"

"我要赚大钱，成为亿万富翁。"

"我要娶那个女明星。"

…… ……

当你说类似这样的话的时候，你身边是否有个人会这样对你说"你可以，你做得到，绝对没问题"，或者，你觉得，如果你说了这样的话，是否会得到别人的肯定呢？

---

① 又称红白歌会，日本放送协会每年 12 月 31 日晚上在东京涩谷 NHK 会馆现场直播的音乐特别节目。

应该是不容易吧！

"怎么可能呢！"
"说什么大话，还是好好看看现实吧！"
"好了，可以了，赶紧吃饭吧。"
"如果你做得到，我就裸体绕地球一圈。"
…………
就像这样，绝大多数人反馈的应该是否定的回答。

即使他们给你的回答是肯定的，也往往带有条件，类似这样的：

"如果你能有进入杰尼斯事务所的外貌的话。"
"如果你从高中就开始努力的话。"
…………

我从小就是这样被父母、老师、朋友狠狠打击过。

上高中的时候，我努力练习签名，他们对我说："不要做这种没有意义的事情，如果有时间，就用来学习。"

高中的时候，我说要在全国模拟考试中考到第一名，他们对我说："你脑袋有问题吗？那根本是不可能的事情。"

　　我说要写作，我要成为一个百万册图书畅销作家，结果
他们回答我："如果能拿到芥川赏①，然后被拍成电视剧或者
电影，应该可能会实现……"

　　没有人会无条件肯定我。

　　人们通常都会对别人的想法给出否定，或者给出有条件
的肯定。

　　"是你说我做得到的，但最终还是失败了，把我的人生
还给我。"

　　对象越是亲近的人，你给出的建议就往往负有更重要的
责任，所以人往往会逃避那些会让对方事后可能怨悔的危险性。

　　但是，你是否想过——

　　假设，你非常想成为一个棒球手，但是你的父母以及身
边的其他人都对你说"不可能"，这个时候你的心里就会产生
这样的想法："原来是这样，×× 是不可能实现的……"接着
你就选择了其他的人生道路。

_____

① 　即芥川龙之介奖，以日本大正时代的文豪芥川龙之介命名，是以鼓
励新人作家为宗旨的纯文学奖项。

你的人生道路是由别人来主导的。

退一步来讲，你的人生是他人安排的。

自己的人生，还是自己决定吧。

你必须是你自己人生的支配者。

你的理想越大，你就越是会受到否定，或者是有条件的肯定。而且，越是亲近的人，反而否定的态度越坚决。

这一点毋庸置疑。你有也必要先知道这一点。

另外，其实别人对你的事情并没有那么在意。过于看重他人的建议，这对人生并没有什么帮助。

举个例子。一个人在车站的楼梯上摔了一跤，通常他会羞得面红耳赤，觉得非常丢脸，巴不得有个洞能让他钻进去，或是马上从现场逃离开。但是，目睹这件事的人会对这个人指指点点或者瞧不起地说出这样的话吗：哇，那个人摔成那样，作为他的同类，真是觉得太丢人了！

应该不会有这样的人吧！顶多是想：哈，那个人摔倒了，真逗。然后毫不在意地经过。或是产生这样的想法：他没受伤吧？他站起来了，应该是没事。然后走自己的路。

对于这种事情，别人只会是这种反应。

假如，你对身边的朋友说："我要在全国模拟考试中取得第一名。"即使你最终没有做到，之前否定你的人也不会觉得这是你活该。即使你说你没有做到，也不会有人在意。

而且，如果你真的如宣言一般做到了，他们反而会觉得：好厉害，竟然说到做到，而且还会说："我就知道你能做到。"似乎从一开始就无条件支持你一样。

当我有越来越多的机会需要签名的时候，就有人对我说："不愧是你！以前就练习过了。"

当我在全国模拟考试中取得第一名的时候，也有人和我说："我就知道你能做到。"

我写小说，并且成为百万册图书畅销作家的时候，还有人对我说："真了不起，你取得什么样的成绩都理所应当。"

在我实现了自己的想法的时候，那些持有否定态度的人，反而忽然变得似乎自己的预言、料想成真了似的。

这不关乎对错。

因为这就是人。

我想，如果你知道了这一点，你就会明白，当你因为他人的意见而动摇了自己的信心，甚至丧失信心，进而让他人支配你自己的人生，都是对自己的无限可能性的设限。

没有根据又怎样。

如果你能够拥有不受他人意见影响的绝对自信，那么你已经掌握了第一原则的真谛。

掌握这些要点，燃起你的自信！

▲拥有绝对自信。

▲自信不需要任何根据。

▲即使是未知的、没有经历过的事情，也不过是"恰巧"而已。

▲对于人没有不可能的事。

▲他人只会否定，不要受他人意见的左右。

▲成为自己人生的掌控者。

第 2 章

学会运用理解

世界上的事该如何定义，都取决于你的理解。

我们无法改变既定事实，

但是我们能改变，我们对于这些事的理解。

事例 2

　　山本孝之，28 岁，就职于某大型电器制造公司，对于他的顶头上司——课长，日渐不满。

　　山本负责筹备当年新员工的迎新会，他咨询了前一年主管此事的负责人，同时还上网查了很多资料，挑选了多家备选店，最终才决定向课长汇报。但是课长根本没有在意他的汇报，独断专行地决定了选择哪家店。

　　"既然这样，你就自己做啊……"山本心里这样想，但是根本不能说出口。

　　无论什么事情，都是这样的情况。山本提出的业务计划，课长也只是草草看一眼就驳回："这个方法不行，再研究一下。"

　　山本提出了针对商品展示会促销活动的规划提案，最终课长

也完全没有接受他的建议："现在做这种事的计划干什么？照指
示行动就好。"

　　再也不能在这种领导的手下继续工作。

　　山本暗暗下定了决心，并打算尽快辞去工作。

人生不过取决于你的"理解"

自信思考的第二个构成原则就是理解。

如果说人生的一切事情都不过是如何理解，这也不为过。

在上面的事例中，虽然当事人认为"再也不能在这种领导的手下继续工作"，但是，我们不得不提出疑问，这位课长真的是这种独断专行的领导吗？

举个例子，如果四五个人相约一起吃饭，其中一个人提议说："这附近新开了一家意大利餐厅，去试试吧！"

不过，另外一个人给出了不同的建议："但是，附近的一家日本料理也很不错的……"

但是，第一个提出建议的人立刻打断了他的话，说："好啦，好啦，还是去我说的这家吧，便宜又好吃，你们一定会喜欢的。"

说着，就率先向意大利餐厅走去。

对于这种情况，你如何评价这个人？

觉得他以自我为中心，对吧？

但是，另一方面，难道就不会有人觉得他做事果断，具有领导者的气质吗？

这是两种截然不同的理解，但是，无论人们的理解如何，这个人做的事并没有改变。

对，就是这样，一件事都有不同的两面。在完全相同的情况下，如果有个人问他的朋友："去哪里吃饭啊？我都可以的。你昨晚吃的什么？"

有的人就会认为这个人"非常体贴，不仅仅满足自己的需求，还会顾及别人的想法"，但是也会有人认为他"优柔寡断，毫无主见"。

世界上的事该如何定义，都取决于你的理解。

我们无法改变既定事实，但是我们能改变我们对于这些事的理解。

如果有人认为事实能够改变，这显然是痴人说梦。

我再次强调一遍：我们无法改变已经发生的事情。

　　事实无法改变，能改变的是你赋予这件事怎样的意义。也就是说，你怎样理解它。

　　举例说明，假设你和恋人分手了。那么，是将这个既定事实理解成"人生已毫无希望"，还是定义成"这是我遇见更好的人，开启更美好的人生的第一步"，全凭你自己。

　　又例如，工作中出现重大失误，影响了你的晋升。该如何理解这件事，全凭你自己。你可以这样想：

　　"这下我再也无法晋升了，我已经看到了自己在这个公司里的前景。"

　　当然，你还可以这样想：

　　"这件事证明，我还不足以成长到能够升职的程度，现在升职，工作上一定会毫无起色。所以，这次的事件是让我实现更加完美的历练。"

　　当遇到此类事情的时候，如果以负面情绪来阐释，然后懊悔，就会扭转这件事吗？无论你的情绪多么糟糕，或者是感叹着"早知道就好了""真是不甘心"这样的后悔言语，但是依旧无法改变失恋、工作中出现了重大的失误这些既定事实。

反而，这仅仅是在浪费你的时间。

更进一步说，这是在浪费生命。

是的，人并不是机器，我们是有感情的动物。受到打击的时候，情绪的指针晃到了负面的方向，这是人之常情。

心情糟糕个五分钟也是可以的，但这样也足够了。

如果是我，我选择只浪费十秒钟。然后，马上就改变自己的理解方式，继续向着前方行进。

虽然无法改变事实，但是可以改变理解。

接着，分析发生的事情，找到问题的根源，想好再次遇见时的应对策略，只有这样，才有意义。比如：

▲自己因为情绪化忍不住而大声咆哮（这是错误的行为），所以女朋友离开了我，为了避免类似的情况再次发生，下次情绪波动的时候，要深呼吸之后再讲话。

▲自己会被客户指责，是因为太过紧张，无法确切回答对方的问题。因此，在今后的工作中一定要做好万全的准备再去开会。

如果能够这样思考，就能够从发生的事情上积累经验，得到锻炼，自己就会成长，不会再犯同样的错误。

　　就如同第一章中提到的，失败是由某种原因导致的。

　　而且，最重要的是，**当事情过去时，我们再次回首，就会对那些曾让我们备受打击的事情，有了不同的看法或感受。**

　　高中的时候，我和初恋女友分手了，这件事对我的打击非常大，我觉得世界末日来临了，但是现在回想一下，我就觉得正是因为这件事情，我在日后才能碰到更好的对象。

　　即使，人生中遭遇了致命的打击，让我们觉得在事情发生的当下以及未来的一段时间内，都觉得绝望，但是，三个月后、半年后、五年后、十年后，我们的想法最终会改变，都会从那件事"导致的……"变成"幸好发生了"那件事……

　　既然最终是这样的结果，那么三个月、半年、五年、十年的时间，岂不是白白浪费了吗？

　　既然我们的想法终究会从"都是……导致的"转变成"幸好发生了……"那么，在事情发生的那个瞬间，就将"都是……导致的"转变成"幸好发生了……"，你就会拥有那些可能会被你浪费的时间，并能有效利用。

世界上没有唯一、绝对的答案

人生所有碰到的事情，都在于你如何去理解。在你给出自己的理解之前，世界上根本就不存在唯一、绝对的答案。

只要你了解了这一点，你就不会觉得自己的理解是绝对的，即使对一件事情有着负面的理解，你也能养成立刻转向寻求积极理解方式的习惯。也就是说，你能立刻将自己的理解转化到对立面，因此也就能轻而易举地从负面的理解中脱身。

我在上学的阶段，也属于容易受到打击的类型。但是现在，我能在十秒钟内从负面理解中脱身。

我甚至可以做到，对任何事完全不会产生负面的理解。

我之所以能够做到这一点，和我在英国留学的经历有着很大的关系。当你身处异国他乡的时候，你很快就能发现自身价值观的狭隘之处。我自认为的绝对原则，在国外却完全不适用，这种情况可以说非常普通。

而且，当我了解了世界各地更多的文化和风俗习惯之后，我就明白了世界上不存在唯一绝对的答案这个道理。

　　举例说明，发烧的时候，要怎么做才能退烧？

　　在日本，遇到这种情况，最正确的做法就是吃有营养的食物，睡觉的时候要保持温暖，所以发烧的时候不要泡澡，更不要冲凉。

　　但是，世界上还有人认为，发烧的时候要冲凉。我觉得这种想法仅仅是处于发烧的时候人体温度比较高，所以需要降温。因为这种方式可能会导致感冒加重，所以不认同这种方式的人会觉得这种做法非常愚蠢，但世界上还是有人在采取这种手段退烧。

　　另外，我的住在马来西亚的朋友对我说，他居住的地区，如果有人感冒了，就会饮用泥水上层清澈的部分。

　　根据现代医学的观点，感冒的时候身体非常虚弱，饮用不知道含有多少细菌的泥水，真的是不要命的做法。但是，当地人都采用此种方法治疗感冒。

　　如此看来，感冒的时候，保持身体的温暖是正确的，冲凉也是正确的，饮用泥水也是正确的。而我们理所当然认为的要保持身体温暖并不是唯一绝对的答案。

　　用这样的思维方式检视日常生活，你会发现类似的事件非常多。

　　搭乘电扶梯时，日本普遍的规定是"保持右侧净空"，所以通常人们都是站在左侧的，将右侧空出来，给赶时间的人一条顺畅的通道。但是，大阪的规定则是"保持左侧净空"，所以如果有人站在左侧，可能会被骂。

　　因此，搭乘电扶梯时，站在左侧而保持右侧净空，这件事可以理解成是有常识，也可以被理解成没常识。

　　世间所有的事情都是这样的。

　　飞机在天空中飞，但是为什么它能够飞行呢？世界上没有绝对唯一的缘由，不同的科学家给出了不同的答案。[1]

　　英文的语法也是这样，课本上教授的语法，并不是唯一绝对的语法体系。如果说，有多少学习英语的人，就有多少种

---

[1]　指美国费米国家研究室物理学家戴维·安德森和华盛顿大学的航空力学专家斯考特·爱伯哈特在美国科学期刊发表论文否定了迄今有关"飞机是如何飞起来"的解释，在学术界引起轰动。

语法，这种说法也是正确的。

　　个人的理解并不是唯一的、绝对的，不过是理解中的一种罢了。

　　知道了这一点，当你在面对事情的时候，应该就不会固守自己负面的理解了。

人世间的事，都是塞翁失马

"塞翁失马，焉知非福"是中国古籍《淮南子》中的著名故事。有一个老翁，他住在边塞附近，有一天他的马跑丢了，附近的人都来他的家里安慰他，但是老翁毫不在意地说："这不见得就是一件糟糕的事情。"

的确是这样，没过几天，那匹跑丢的马回来了，还带回来一匹骏马，附近的人都来恭喜老翁，但是老翁却说："这不见得就是一件幸运的事。"

不久后，老翁的儿子在骑这匹骏马的时候，不慎摔了下来，摔断了腿，附近的人又都跑来安慰老翁，但是老翁却说："这件事并没有那么不幸。"

后来，爆发了战争，许多年轻人被迫走上了战场，最终战死，但是老翁的儿子因为腿有问题，无法上战场而幸免于难。

在这个故事中，塞翁的马给他的人生带来了变化，从幸运到不幸，从不幸到幸运。这个故事对我们最大的启迪在于，人生的大部分事情都无法预知，我们并不知道什么时候幸运会引发不幸，不幸会转变成幸运，所以，我们不应该因为事情的出现而变得兴奋或悲伤。

就如同塞翁的故事，**一件事是幸还是不幸，在有最终定论之前都是未知的**；是成功还是失败，也是完全不确定的。当一件事情发生了，即使当下觉得很失败，但是日后却会觉得是成功的；相反的，很多当时觉得成功了的事情，日后反而会觉得当时失败了。

我有一个学生时代的朋友，当年托福考试考了六百四十分，后来从事联合国难民救治的工作。

而且，当时剑桥大学、汉堡大学、哈佛大学等知名院校的托福合格成绩是六百分，所以六百四十分是很让人敬佩的分数，而且很多人都觉得他的工作是很崇高的。

但是，他却在维也纳因为过劳而死，当时他睡下后，就再也没有醒过来。那个时候，他还不到三十岁。

如果那时他的托福考试没有考到六百四十分，那么就不会从事联合国难民救治的工作，现在他应该生活得很好。

我还有一个朋友，因为事业的失败导致破产，当时他背负了七千万日元的巨额债务，听说他一度想自杀。

最终，他因为这件事开始检讨自己的人生和能力，并且东山再起，如今他已经是年营业额数十亿日元的企业社长，他的生活看上去也美满和乐。他住在澳洲海边的别墅中，常常给我看他和家人的生活照片。

当我和他一起喝酒的时候，他也肯定那次的破产事件对他的帮助，没有那次的破产就没有现在的他。

我自己也是这样的情况。

我读高中的时候，我父亲因为酗酒和赌博毁了人生，我的家庭负债累累。当时的我感到万分绝望，也正是因为这种绝望，我独创了很多学习方法，不到半年的时间，我的各科成绩就从原来的平均偏差值三十，进步到了全国模拟考试第一名，更重要的是我获得了掌握自己未来的力量。

当出现会让人产生负面想法的事情时，我们很难保持平和。但是，这不重要，**重要的是当我们感到沮丧的时候，能够立刻振作起来。**

只有拥有这种能够立刻振作起来的能力，即使再碰到任何的艰难险阻，我们也都可以向前迈进。

世界上没有唯一绝对的答案，人生所遇之事都在于如何理解，是幸还是不幸，都在你一念之间。

什么是成功，什么是失败，并没有一个确切的结论。日后回头看时，所有曾经下的定义都可能变得截然不同。

所以，最好就在这个瞬间改变你的"理解"。

人的一生会遭遇哪些事情，我们无法掌控，但是我们能掌控自己对事情的理解。我们无法改变过去，也无法控制未来，我们能够把握的就只有当下：

——确切地说，就是眼前的这一瞬间。

——亦即，如何理解你所碰到的每一个状况。

如果你能将所有碰到的事情都转变成向前迈进的动力，那么你就完全掌握了自信思考的第二步。

掌握这些要点，燃起你的自信！

▲人生不过在于如何理解。

▲我们无法改变事实，但能够改变理解。

▲事后回想，每件事都会有与当时完全不同的感受，所以，改变理解就从当下开始。

▲世界上没有唯一绝对的答案。

▲即使感到沮丧，也要立刻振作起来。

第3章

确定真正的目标

吸引力法则不是魔法，不是好运气。
吸引力法则的根本就是让目标更明确。

事例 3

滨口徹，35 岁，就职于饮料公司业务部。在日常的工作中，他深深感受到英语的重要性，并认为学好英语会对他的职业生涯有很大的助益，因此他定下目标：托业考到八百分。

但是，每天下班回到家，坐在书桌前他就变得很疲惫，然后就去睡觉。

他还打算每天在搭捷运的时候背单词，但是也基本没做到。

他希望通过看英语电影锻炼英语听力，但是因为过于沉迷剧情，最终还是看了字幕。

算了，这里是日本，也不需要英语。

没有托业成绩，可以多跑跑业务。

这么一想，他就放弃了托业考试的目标。

这真的是你心底想要的吗？

贯穿于自信思考的两个基本原则，我们在第一章和第二章已经讲过了，就是自信和理解，这也是所有行为与思想的根基。

接下来，本章讲的"目标"，第四章讲的"分析"，第五章讲的"策略"，第六章讲的"行动"等四点，则是形成一种思维模式的直接行动与习惯。

如果将自信思考比作一项建筑工程，那么自信和理解就是地基，而目标、分析、策略和行动就是建筑物的可视部分。而我在第七章提到的愿景，则相当于建筑物外面的所有装饰。

地基已经打好了，现在我们要开始进入直接联结形成具体行动与习惯的部分。

自信思考的第三个绝对原则，就是明确你自己的真正目标。

设定目标，但是却没有达成的人，一定是一个不善于设定目标的人。

在我给中小学生讲课的时候，曾经发生了这样一件事。我问孩子们："有没有人有这样的自信，在未来的三个月内，能够用英语自然而流畅地与美国人或者英国人交谈？"

没有任何人举手。

我接着问："那么，如果在未来的三个月内，有人能够做到用英语熟练地与美国人或英国人交谈，我就奉上十亿日元，有没有人有自信做得到？"

所有人都举起了手。

无论是孩子还是大人。

在事例3中的滨口先生，他将自己的目标设定为托业考到八百分，但是他真的希望能够考到八百分吗？

和托业考了四百分相比，考八百分当然是令人高兴的事。如果英检①之类的考试能够考到一级，相信每个人都乐于接受，不会有人不接受的。

但这真的是心底想要的吗？

托业考八百分 VS 一亿日元现金，你希望得到哪个？

托业考八百分 VS 与心爱的人永远生活在一起的权利，你想要哪个？

---

①　日本高中生升大学时英语一般都要过英检（日本英语检定协会）考试准二级。英检一级大约相当于国内 CET 六级。

对于这两个问题，那些选择了托业考八百分的人，应该才是真正想要托业能考八百分的。但是，绝大多数的人都会选择一亿日元现金或与心爱的人永远生活在一起的权利。

也就是说，托业考八百分是一件让人高兴的事情，但实际上并不是你真正想要的，因为还有更多、你立刻能说出来的更想要的事。

将这种程度的事情定为目标，很容易就会放弃。

而且，无论是学习、工作，还是运动，都必不可少的一点是恒心。

无论怎样的天才，都不可能瞬间成为世界第一，必须付出相应的努力。

举例说明，能够拿到奥运金牌的世界冠军，他们每天都要进行非常严苛的训练，要跑数十千米，还要做非常辛苦的体能训练。

为什么他们能持续那种训练？

因为，对于运动选手来说，奥运金牌是他们从小就渴望得到的东西。就是因为他们有非常强烈地渴望得到奥运金牌这个目标，所以他们能够忍受所有严苛的训练。比如，能够增加肌肉量，这当然使人高兴，但如果这是一个可有可无的目标，一旦锻炼的过程非常辛苦，就可能会马上放弃这个目标吧。

中田英寿，曾经风靡一时的日本足球明星，他在进入世界足球界最高殿堂的意大利甲级足球联赛（简称意甲）后，在记者招待会上，他用流利的意大利语发言，并且面对记者接二连三的提问时，也能够用意大利语回答，震惊了整个日本。据说，中田英寿从高中开始就确定了进入意甲的目标，因此一直在培养自己的意大利语能力。

他是真的非常想学会意大利语吗？

当然不是的。

他真正想要的是成为一名意甲选手！

接下来，为了能够在意甲顺利发展，他决定，自己要能够直接与队友和教练沟通。

正因为如此，他才能持续学习意大利语。

在第二章中我有提到过，我读高中的时候，我父亲因为赌博导致了我家负债累累。在那个阶段，我每天都会看到母亲和父亲吵架，看到母亲痛苦的模样，看到父亲躲避债主的情形。我真的再也不想看到这样的情形，当时我一想到我可能会一辈子看这样的情形，我就觉得恐慌。

在我上高二的那年秋天，我开始认真地思考我的未来。我问我自己："我最想做的事情是什么？"我得出的答案是："拯救我的父母。"

这就是我内心中最想做的事情。

→为这个目标，我能做些什么？

处于高中时期的我，得到的答案是"成为律师"。

当了律师，我就能够让父母顺利离婚，将母亲从目前这种境况中解救出来。而且，还可以处理父母的债务。总之，只要我成为律师，就能够解决母亲每天哭泣、父亲躲避债主这些情形。

→那么要怎么成为律师呢？

答案很明确，去就读培养出许多著名律师的大学。

这样下来，我能去的大学就只有东京大学和京都大学了。

但是，由于我家负债累累，即使我考上了大学也无法支付学费和学分费。

解决这个问题的办法只有一个，就是成为特优生，以顶尖的成绩考取，获得学校免除学费的资格。以顶尖的成绩考入东京大学或京都大学，确切来说，就是要考到全国第一。

为了实现这个目标，我的平均偏差值必须要在七十五分以上。

所以，除了努力学习之外毫无办法。

正因为目标是自己真正想得到的东西，所以，即使在遇到困难或困境的时候，都会坚持下去。

举个例子，在背英语单词的时候，碰到记不住的，如果放弃，那么未来我就要一直面对母亲哭泣的模样，父亲躲债的情形，这简直就是地狱。

因此，无论如何，我都要记住这个单词。就这样，我在全国的模拟考试中得到了第一名。

值得一提的是，在我考入大学、准备办理入学手续的前一天，发生了一件事情。女朋友来找我，扑到我怀里说："我不想分手，和我一起去广岛吧。"

那个瞬间，我的目标发生了变化。即使我自己没有成为律师，但是如果我有能力聘请律师，我还是可以拯救母亲。但是，现在只有我自己能够帮助这个躲在我怀里哭泣的女孩。

所以，我没有去那所大学，而是去了广岛。

即使目标发生了改变，也没有关系。

最重要的是，将当下最想得到的东西设定为目标。

只有这样做，才能拥有达成目标的巨大动力。

要实现目标，必须先拥有热情

首先，我们要确定的是自己最想要的是什么，然后将此设定为目标；接下来，我们要想清楚，为什么一定要得到它。

当你设定目标的时候，首先要知道想要什么，然后要清楚得到它的理由。

这是因为，想要达成目标，就要有强烈的情感支持。

简单说，就是热情。换句话说，没有热情，就没有实现目标的可能性。即使是自己当下最想得到的东西，但是因为没有得到它的理由，也可能会放弃。

人类最终梦寐以求的东西，不会是某个职位，不是某种物质，不是金钱。

人类最希望拥有的，一定是情感。

一定是感情！

没有发现这一点？应该大有人在。

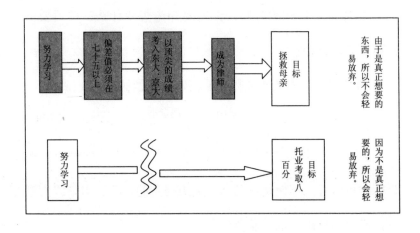

举例说明，我们推演一下"想成为外交官"这个目标。

假设有一个人说，他的理想是成为一名外交官。但是，他真的想成为外交官吗？

如果要成为一名外交官需要面对以下情形：

▲父母或亲友觉得这个职业非常丢脸；

▲异性朋友认为和外交官交往是一件非常糟糕的事情，更不要说将其列为结婚对象了；

▲年收入不足一百万日元，连自己的生活都没有保障。

你认为他还会想成为外交官吗？

"如果是这样，我就不想了。"如果他的回答是这样的，就说明他的真实目标并不是想成为一名外交官，而是，希望得到别人尊重，得到异性的欢迎，有着丰厚的物质回馈。而且，还可能是因为语言能力不错，希望借此优势成为外交官。

目标，需要你倾注自己所有的强烈情感。如果没有强烈的情感，我们就很容易放弃。因为你觉得想拥有的东西，实际上并不是你真正渴望得到的。

说个实际的例子。我有一个同乡，他说自己想成为一名歌手，所以来到东京发展。他一边打工一边在经纪公司的培训机构上课。但是在接受培训的过程中，他表示不想当歌手了，想当演员。

听他详细说明情况后，才发现，他想当歌手是因为在一期综艺节目中，某个人随意胡诌了一通，就得到了百万日元的奖金。他觉得这真是一个简单又赚钱的工作，所以他想到了要当歌手。

他因为个子不高，所以当不了模特，自己本身喜欢唱歌，所以觉得可以当歌手。但是进入培训机构后他才发现，比自己唱得好的人如过江之鲫，这才意识到自己当歌手的梦想还很遥远，还不如当演员来得简单。因此，他改变了自己的目标。

看到这里，你一定明白了为什么他发展得不顺利。他真正想要的并不是成为一名歌手，也不是成为演员，而是轻而易举地赚钱。

勤奋努力的人对于这样的情形，可能会觉得："主要的问题是因为他不够努力，所以他的目标才无法实现。"

但是，**目标是什么，并不是问题**。

因为每个人想要的都不同，即使目标是"轻而易举赚大钱"

这也没什么不可以。换个说法，就是拿着不劳而获的钱过着退休的日子，这种目标也不是不能实现。

当然，演艺工作并不轻松，如果我的同乡能稍微了解一下，他就会知道这个情况，而他根本没有进行充分的了解也是一个问题。

但是，他最大的问题在于他设定了最想要的东西，却没有十分强烈的情感投注在他的目标上。因此，稍微出现一点状况，他就会放弃。

前面已经说过，恒心在实现目标的过程中是不可或缺的。

因此，将真正想要的东西设定为目标是无比重要的，因为它会直接引发达成目标的强烈推动力，即热情。

而且，**如果拥有强烈的使命感，那么这就是一个十分完美的目标。**

如果你设定的目标不仅仅是你希望得到的东西，而且你将其视作自己的使命，那么，由于目标的实现直接引发你存在的价值，所以你会竭尽所能去实现它。

上高中的时候，我"渴望拯救母亲"的想法，不仅具有

强烈的个人诉求：

不想未来的每一天都看到母亲哭泣的模样

而且带着使命感：

除了自己，没有人能够做到这件事

也就是说，我的使命感是只有我能够拯救我的母亲。

这是非常关键的一点，你定下的目标不是"只是为了自己，才希望实现"，而是"既为了自己，也为了其他人，才希望实现"，这就能够巩固你的目标。对于这个概念，在第七章的愿景部分我们将详细说明。

目标要视觉化、具体化

设定目标后，接下来要做的事情就是将目标视觉化。

说得明确一点，就是用文字表现出来，不仅仅是文字，如果能够利用照片、图片，使目标变得更加鲜明，效果会更明显。

文字　照片　图片

成功学的鼻祖、提出"思考实现化"的美国励志作家拿破仑·希尔（Napoleon Hill）就是这样做的，他将自己笑得最灿烂的一张照片贴在了一块板子中央，在周围贴上了梦想、理想的工作、生活状态的文字或图片，做成了"藏宝图"，这就是他的目标视觉化。

设定目标的意义在于，为自己未来的道路指明方向，另一个重要的意义在于，将目标明确具象化，透过视觉效果印刻在脑海中，让自己以前认为根本不可能做到的事情，转变成理所当然的日常状态。

具体说明，假设有一个高中棒球社，没有人认为它能打进甲子园①之类的比赛。但是一旦社内有个人说："打进甲子园吧！"就会使"打进甲子园"这件事，一下子从非日常状态转变成日常状态。

当然，一开始的时候一定会有很多人觉得这是一件痴人说梦的事情，但如果将"打进甲子园"制作成条幅贴在社团内，让社员每天都看到这个目标，就会强化他们"打进甲子园"的想法，将"打进甲子园"设定为目标的社员就会越来越多。

如果将"打进甲子园"设定为口号，每天都喊出来，也是一个烙印目标的有效手段。

为了明确目标，视觉化、具象化会有很好的效果。

重要的是，要如何确切描绘出目标的形象，而且要如何将这些印象烙印在自己的脑海中、情感中和潜意识中。

在这里，我说一下我的方法，也就是泉式目标视觉化的方法。

确认自己平时做梦的视角：

---

① 甲子园球场，是日本棒球职业联赛阪神老虎队的主场，同时也是日本中等学校棒球大赛的比赛场地。

▲在梦中，如果自己的身影没有出现，而是和平常生活一样，通过自己的眼睛将梦中的世界影像化，这种就是第一人称视角。

▲如果在梦中自己就像观众一样看着身为"演员"的自己在演着电视剧，而且也会出现自己的身影，那么这种就是第三人称视角。

在现实生活中，基本只有演员能在电视或者荧幕上看到自己演出的作品。顺便一提，我的梦是以第三人称视角出现的。

梦境是第三人称视角的人，在将自己的目标视觉化的过程中，最好将自己的照片也贴上去，而如果梦境是第一人称的人，做法应相反，最好不要出现自己的照片。

原因就在于，我们的视觉化行为的根本目的在于将目标烙印在潜意识中。

因此，将潜在梦（平常睡着时的梦境）和显在梦（清醒时的梦想，即目标）的观点统一是非常重要的。

在用文字表达的时候，就用第一人称的现在时书写吧。但是要注意一下书写方式：

不要是：我想打进甲子园，

而是：我正站在甲子园球场的投手丘上；

不要是：我的目标是东大，
而是：我是以东大学生的身份在上课。

在讲目标视觉化的过程中，实际感受比语言唤起的情感要重。因此，你不是要写出未来的梦想，而是将自己转换到那个确切的身份立场上，从当时的角度出发。仅仅是做到这一点，你就会发现你的实际感受在发生着巨大的变化。

做个试验，请你想象一下下面的内容：

下个星期我想吃柠檬！

感觉如何？

你现在感受到吃柠檬的感觉了吗？

接下来，请再次试着想象一下以下的内容：

我正在吃柠檬！

这一次你的感觉如何？

是不是口腔分泌了一些口水？

那么请继续想象一下以下的内容：

打开冰箱，拿出一颗柠檬。它非常凉。将柠檬放到砧板上，用水果刀一切两半，柠檬的清新气味飘散开来。拿起其中一半，削掉一点儿皮，然后大口咬下去。

现在，你觉得如何？

你感受到柠檬的香气了吧，口水一下都流出来了吧？

我想，大部分的人应该都会感受到口腔内散发开来的柠檬的酸味。

就像这样，即使在现实中没有发生的事情，我们的潜意识也会反馈出正在发生的感觉。当然，因为有着实际吃过柠檬的体验，因此想象变得容易。重点在于，通过这种方法，能够强化达成目标时自己所体验的情感，并将此种情感烙印在潜意识中。并且，以第一人称现在时表达，才会有这种感觉。

另外，以柠檬的例子来说，对于描述不必过于细致，如果过于具体，从文字中传达出的达成目标时的情感就会显得单一。

为了激发出更多的情感，要写下那种最有助于具象化的文字，大概一行，最多两行的直接的文字。

在描述目标时，一方面是和自己睡觉做梦的角度相同，用照片或绘画将目标视觉化，一方面是以第一人称现在时的方式，将它文字化呈现，并粘贴在容易看到的地方。

每天看着这些具象化的事物，将目标烙印在情感和潜意识中，那么就会将朝向目标迈进的推动力和逐日提升的恒心联结。这样一来，生活中所做的一切都是朝向目标的行为。

拥有明确目标，吸引力法则就会实现

我想，大部分人都听过吸引力法则。

例如：

想见到谁，就能够见到他；

有期待，机会就会降临。

类似这样的观点，在很多励志类图书或者成功者的自传中会经常见到。

很多人会认为，这些人运气好，所以才会接二连三地有好事降临，可是这种想法是错误的。

我非常肯定。

吸引力法则不是魔法，不是好运气，和它们也毫无关系。

吸引力法则的根本就是，使目标变得更明确。

至今为止，我的人生中就有过几次这样的体验，想见到某人时，就会见到对方，有所期待的时候，机会就会从天而降。

举例来说，我之前包装的一个歌手，在他确定发行专辑之前，我希望能够将他的主打歌曲收进卡拉OK中。

由于这张专辑的制作与JOYSOUND公司的相关单位有关，因此，要让JOYSOUND的机种收录这首歌并不难。但是，我希望DAM公司的机种也能够收录这首歌。

这两家公司，可以说是日本卡拉OK界市场占有率数一数二的厂商，如果歌曲能够收录进这两家公司的机种，那么几乎在日本的所有KTV都能点到这首歌。

但是，我不认识DAM公司的任何一个人。而就在我一直想着好想和DAM公司的人认识，到底在哪里才能见到的时候，三天后发生了一件事。

在我主办的一场活动中，一个作家朋友来找我，还带了一个人过来。活动结束后，我和那个人交换了名片，才发现他正是第一厂商DAM系统的负责人。

我们在握手问候的时候，我告诉他，他现在是我在全世界最想见的人。没过几天，我立刻到他们公司拜访他，并实现了让曲子收录到DAM机种的目标。

这完完全全就是吸引力法则吧。

其中没有丝毫的运气成分。

关键点在于，我心中想着的是要将自己包装的歌手的歌曲收录在 DAM 的系统中。即使我和 DAM 之间没有任何的连接点，但是我确信我能够遇见和 DAM 公司有关的人。因为我当时一直在和别人说，我想认识 DAM 公司的人，而且也在询问身边的每一个人是否认识 DAM 公司的人，所以我才能真正遇到。

这仅是其中的一个例子。到目前为止，我真正想见到的人我都见到了。

美国社会心理学家斯坦利·米尔格拉姆（Stanley Milgram）提倡的知名学说"六度分隔"（Six degrees of separation）的基本观点就是：两个完全不认识的人，只要通过六个人，就可以找到彼此的关系。在社交网站遍地都是的当下，这个学说的说服力更强了。

在实际生活中，我确实感受到，如果同为日本人，通过朋友的朋友的朋友，几乎大部分人都会产生关联。

你知道"色彩浴"（color bath）效果吗？

它的意思是，你越是关注一件事情，你越能获得与之相关的信息。

具体来说，比如你是摩羯座的，而电视上的星座运势提到的是：摩羯座今日的幸运色是绿色。一旦你强烈地意识到要关注绿色物品的时候，你在上班或者上学的途中，就会有更多绿色的东西进入到你的视线中。

实际上，你每天经过的风景都是相同的，并不是今天的绿色特别多，而是因为你的特别关注，才会觉得绿色特别多。

类似的经验我也体验过。

当我上媒体的频率增加的时候，曾经因为一些激烈粉丝的逾矩行为而觉得困扰。虽然我很想咨询相关律师，但是在东京我并没有熟识的律师。因此，如同以往，我心里想着"真想认识律师"。

就在那个时候，我正要给一个工作上有往来的人发一封电子邮件。一翻开我的名片夹，律师的名片就接二连三出现了。

这没什么奇怪的，我本来就和很多律师交换过名片。不过是因为我在见到他们的当下并不需要服务，所以交换名片的时候我只是说"你是律师？真厉害！"而当我内心想着"真想认识律师"的时候，毫无疑问，当下他们就成了我在这个世界上最想见到的人。

"有所期待，机会就会降临"，也是相同的道理。

一旦明确目标，生活中的所有行为都会围绕目标展开。

所以，无论听到什么新的商业话题，都会思考这是否和目标有所关联。最终，就会遇到自己所期望的机会。

举个简单的例子来说明。

对我来说，写小说是很重要的目标之一，所以我的处女作《CROSSROAD》必然是畅销作品。在出版界如果第一本书销售不好，那么就难以有第二本。而这本恋爱小说就是以高中生为主角而撰写的，因此，我希望能够尽可能多地向高中生宣传。

那个时候，某所县立高中邀请我去做全校的演讲。我确定的演讲主题是"实现梦想的学习法"，提到"考上大学"和"实现梦想"的方法是相同的，并且将撰写《CROSSROAD》这本小说的过程及方法作为具体实例。

这次演讲过后，欣赏我演讲的老师介绍我去其他的高中演讲，而且这次是初中部高中部都有的完全中学。

完全出乎我意料的是，自己有这么多机会向初中生、高中生直接宣传我的处女作。

结果显示，演讲结束后，我去做演讲的这两所学校附近的书店，这本书的销售情况一下子提升起来。这主要是因为我面对数千名的目标客户进行了宣传，所以销售有所提升。

这看起来就像"有所期待，机会就会降临"，而我要做的就是在配合演讲的主题"实现梦想"时，所举的事例不是别人的故事，而是以自己写小说的经验为例。这正是因为我的目标明确，虽然看上去是毫无关联的活动，但是也可以变成自己宣传图书的机会。

这就是吸引力法则实际运作的情况。

拥有明确目标，吸引力法则就会实现。

明确描绘目标，借助色彩浴效果，当下，那些对于自己重要的人或事，以及不重要的人或事，就会变得明晰起来；对自己来说重要的人或事，就会更加凸显出来。

　　而且，是在以目标为导向的思考下考量所有的事物，所以能够以目标基准的角度，掌握表面上毫无关联的事物。最后，就能够实现：想见到的人，就会见到；所有期待，机会就会降临。

目标越细越好

即使你设定的目标是自己真正希望得到的，但也不是一蹴而就的，通常需要一步一步来实现。

在美国大联盟中奋斗的铃木一郎曾说过："达成梦想或目标的方法只有一个，就是在小事中不断积累着。"

我们将前面所说的最终目标称为大目标，将为了实现这个大目标而逐个击破的小环节称为小目标。

很多人在设定这些为了实现大目标而为之的环节，也就是小目标时，会将之设定得如同大目标一样，因此很容易就会放弃。

我确信，前面的说明已经能够让大家认识到这一点了。

当然，即使将自己真正想要的事物设定成了大目标，但在实现目标之前就丧失了自信，进而放弃的人其实很多。

这个问题最大的原因就在于：**没有确定好小目标**。

在设定小目标的时候，很多人都会犯一个很大的错误，那就是——将小目标设定得过于笼统。

举例来说，如果大目标设定的是"与好莱坞明星结婚"，为了实现这个大目标，将"学习英语"设定为小目标。

但是，说实在的，设定的这个小目标，并无法让人去学习英语：

从什么时候开始学？
看什么书？
和谁学？

是不是根本无法具象化？

那么，该如何设定呢？托福考六百分、托业考九百分，英检一级；看英语电影时完全不需要字幕；听英文歌能马上知道歌词；出国旅游毫无语言障碍；能用流利的英语和母语是英语的人士交谈任何话题；工作中也能使用英语；能够毫无障碍地阅读《时代杂志》（*TIME*）、《美国新闻周刊》（*News week*）、《哈利·波特》原文书；能够完全理解 CNN 之类的新闻频道、美国影集。这样的程度是最佳的状态。

但是，实际上并不可能一蹴而就。

对于"学会英语"这个目标的设定，对于学生来说，与"考上好大学"这个目标具有一致性。

在日本，所谓的一流大学有很多，但是，将东大设定为努力的目标，还是设定为早稻田大学，或者是庆应大学，^① 都是不同的。

即便目标都是东大，但是不同的科系，要进行的准备和努力也是不同的。

进一步说明，即使目标都是东京大学的法律系，但是要以顶尖的成绩考上，还是以中等的成绩考上，或者是考上就好，其学习、努力的程度都是不同的。是要考九十五分、七十五分，还是六十分，其学习的方式都是有差别的。这些从使用什么样的参考书开始，就会出现差异性。

总之，如果设定的是"学习英语"这种笼统的目标，基本是无法实现的。

当一个个小目标无法实现的时候，你就会慢慢对自己失去信心，认为自己学不会英语。

大错而特错。

---

① 早稻田大学（Waseda University，简称早大）、庆应义塾大学（Keio University，亦称庆应大学，简称庆大）均为日本久负盛名的世界顶尖大学。

这只是因为你不善于设定目标，因此才无法达成。

小目标设定得越细越好。

即使将目标设定成"看英语电影不需要字幕"，这依旧太过笼统了。

希望看哪种类型的英文电影不需要看字幕？

还是举例说明，爱情片和法庭片使用的英文单词完全不同，也就是说，在学习英语时所使用的英文单词书就应该是不同的。

想看懂法庭片，就要选择收录法律专门词汇比较多的书。但是，无论你将这种书啃得多透，你在看爱情片的时候英语都难以派上用场。如果要看懂爱情片，就要选择那种男女对话集。

对于"看英语电影不需要看字幕"，这样的目标要设定得很精细，甚至包括想看懂哪部片子都要具体决定，比如说"看《欲望都市》电影版不需要看字幕"。

如果能做到看这部电影而不需要看字幕的话，然后就将以看类似电影不需要看字幕设定为接下来的目标。

重复这样的过程，再看其他爱情片的时候就都不需要看字幕了。

如此，改变你的电影类型。先以看某部法庭片不需要字幕为目标，等这个目标实现后，再以看其他法庭片不需要看字幕为目标。

以此类推，无论是爱情片、法庭片、科幻片、冒险片、纪录片等，几乎所有的英语电影就都不需要字幕了。如此一来，你设定的"看英语电影不需要看字幕"这个小目标就一步步实现了。

如果小目标设定得过于笼统，那么在你制定实现目标的策略的时候，就会发现要想达成目标非常困难。因此，你就会丧失信心，在实现大目标的路上中途放弃。

小目标要确保五成的实现率

设定小目标的重点就在于，要设定那些轻易就能实现的目标。你的大目标多么豪情壮志都可以，但是你的小目标要确保步步为营，最好是自己用心去做，就有五成的概率能够实现的目标。

例如，将"成为全垒打王"设定为大目标，那么这个大目标的小目标不是"挥出五十支全垒打"，而应该是"挥出一支全垒打"。甚至，不要说打出全垒打，如果是处于连球都打不到的阶段，也可以将"打到球"设定为小目标。

再比如，现在的年薪是三百万日元，大目标是"成为亿万富翁"。如果将这个大目标的小目标设定为"年收入一亿日元"，应该很难想象自己能实现这个小目标吧。实现时，自己的感觉会怎样？生活会发生怎样的变化？周围的人际关系又会怎样？

如果无法将上述问题鲜明地具象化，就将小目标分解成更小的目标吧。

如果改成"年收入七百万日元"如何？

现在想象一下，当你达成这个目标的时候，你吃的是什么？穿的是什么？你的生活是怎样的？是不是变得容易一些了。吃烤肉的时候，你原来去的是一千九百八十日元吃到饱的餐厅，那个时候，你就可以去带骨小牛排一人份一千日元左右的炭火烧烤餐厅；你买衣服的时候，原来去的是二手店，这个时候你就可以去大型商场中的服装店。

设定出如此细小的目标吧，这些小目标会让你鲜明地描绘出自己达成目标时的状态。

一旦小目标设定得过大，在追寻目标的过程中，就需要付出几倍的时间、精力以及金钱，和现实的差距也会被拉大，而失去自信的风险率也会大幅度上升。

不擅长设定大目标，会导致在实现目标的过程中轻易放弃，同样的，不擅长设定小目标，也会导致自信的丧失，进而在追寻大目标的过程中半途而废。

大目标的设定依据是自己真正想要得到的、能让自己投入全部热情的事物，然后将其视觉化、具象化，烙印在脑海中、潜意识中、感情中，并细致规划小目标，具体地制定一小步一小步的行动，反复积累，就能够完全学会自信思考的第三个绝对原则。

掌握这些要点，燃起你的自信！

▲将真正想要的事物设定为目标。

▲目标必须能够引发自己的全部热情。

▲一个充分完美的目标，除了要有热情之外，还要拥有使命感。

▲将目标视觉化、具象化，烙印在脑海中、潜意识中、情感中。

▲拥有明确目标，吸引力法则就会实现。

▲设定合理的小目标，并尽可能细化。

▲将小目标设定为自己觉得有五成达成率的目标。

● 第4章

掌握分析技能

在制订策略、开始行动之前，要清晰自己的价值观，
否则就会陷入
进退两难的境地。
另外，价值观会根据时间、现实的变化
而发生改变，所以最好定期检视。

事例 4

　　山村耕治，43 岁，在他升职为正在拓展连锁体系的超市负责人之后，他的薪水有了提高，于是打算开始做一点投资。

　　股票、外汇、不动产……虽然可选择的投资项目有很多，但是他不清楚到底该投资哪一项。

　　就在这时，山村在电视中无意间看到一个知名演艺人表示："现在如果要投资，一定要投资外汇，我自己对此也非常热衷。"

　　果然还是投资外汇比较好，山村直觉地这么认为之后，抱着打铁要趁热的心态，马上注册账户，开始投资外汇。

　　但是，一年后，因为欧元暴跌，而日元急速升值，山村损失惨重。他发誓这辈子再也不投资了，钱还是放在银行最安心。

以"他见之见"审视自己

构成自信思考的第四个绝对原则就是"分析"。

自己最想要的是什么？为什么要得到它？

当你回答了这两个问题后，也就明确了自己的目标，现在我们要做的就是思考如何实现目标，也就是实现目标的策略，以及如何将想法转化成行动。

但是，在此之前，我们还有一个不可忽略的环节：分析。

分析包括：自我分析、目标分析。

首先，说明一下自我分析的问题。

当你确定了目标后，首先要做的就是了解自己。我们说，确切地了解自己、并接纳原本的自己，这一点和设定目标处于同等重要的地位。

日语中有"他见之见"这个词。

在日常的生活中很难看到这个词，我知道这个词是我在主演时代剧、初次登上舞台时，表演老师教给我的。

与演电视剧和演电影不同，在演舞台剧的时候，你完全投入到角色当中的演技，在观众的眼中，不过只是自以为很好的演技。

举个例子，假设处于一段恋爱的戏码中，要拥抱住演对手戏的女演员，如果完全投注感情来拥抱，给观众的感觉就只是闷热。

因此，关键就在于不是要用尽力气地投注感情，而是客观地传达出想要表达的情感。也就是说，若想将你强烈的情感客观地表现出来，你就要通过身体的动作加以表现，尤其重要的就是肢体语言的细枝末节之处，例如拥抱时手放在哪个位置，手指呈现的是怎样的动作等。

这就是所谓的"他见之见"，一定要通过与观众相同的第三者的角度，客观地观察自己的演技。

我是从身为表演专家的老师身上学到这一点的。不过，应该也会有其他的表演者秉持着这样的观点："投注感情是更重要的。"所以"他见之见"这个观点在表演方面也并非是绝对的。

我们暂且不讨论演技的理论，我们要探讨的是"他见之见"

这个概念，在进行自我分析时的有效性。也就是，经常让自己看着自己，亦即完全以第三者的身份观察自己。

其次，**接纳真实的自己**。

有时候，这是一个非常辛苦的过程。

但是，当你在做自我分析的时候，如果你做不到这一点，就会搞不清自己面对目标时所处的境况。所以，即使你已经拟定了实现目标的策略，但有可能从一开始你的策略就是失准的。

假设，你现在重八十公斤，希望自己瘦到六十公斤，首先你要做的就是接受现在的这个自己。即使你很讨厌自己现在的样子，也不是通过在体重计上动手脚，让数字减少十公斤，然后再制订减肥计划：

因为我是七十公斤，所以我只需要减掉十公斤。

相反的，也不是多给自己算十公斤，然后告诉自己：

我现在是九十公斤，我需要减掉三十公斤。

后面的方法并不比前面的方法高明，因为这会让你在减肥的过程中出现这样的想法：

我已经瘦了那么多了。

我上高中的时候，用了半年的时间，从全学科偏差值三十，考到全国模拟考试第一名。

我最先着手的是英语。首先，我买了一本高中考试用的参考书和题库，从初中就学过的 be 动词开始研读。因为，现阶段无法学好英文，一定是因为某个阶段的缺失。幸好，并不是缺失某个部分，后面所有的就都无法学会。

总之，要从自我了解开始，了解自己会什么，不会什么。如果无法准确把握住自己的劣势，那么就无法弥补那个部分。

在现阶段无法做好某件事情，就和车子抛锚无法启动的情况相同。举例说明，一辆车子因为爆胎而无法行驶，即使是打开引擎盖,调整引擎,冷却水箱,也无法让车子正常运转起来。

遇到这样的情况，首先要确认的是车子哪里出现了问题，接着，当发现是因为爆胎而无法行驶时，你要做的就是换上备用胎这么简单而已。

确认自己的价值观

每一个人都有自己的价值观。

价值观，指的是根据自己对事物的重视程度将所有事物从高到低地排序，明确形成此顺序关系的一种体系。

我们会在价值观的左右下制定策略以及行动。

举个例子来说，当我们在租房子的时候，会有各种各样期待式的条件，比如房租便宜，房龄短，位于交通站点附近，靠近公交站，面积大，坐北朝南，日照好，卫浴分离，有阳台，一楼大门有自动锁，有空调，隔音效果好，以及耐震的构造，等等。

当然，如果有一间房子符合上面的所有条件，那当然完美不过。

租金三万日元，新房，离地铁银座站徒步一分钟，三十坪①，坐北朝南，日照佳，卫浴分离，阳台宽敞可烤肉，有严密的安保措施，有空调，隔音效果好，耐震，并且位于能够俯

---

① 坪为面积单位，1 坪 =3.3 平方米。

瞰夜景的楼层。

　　这种房子当然不存在。

　　所以，要将自己的顺序排列好，并以此为根据来决定租什么样的房子。例如说，哪个条件对于自己是必需的，没有一丁点的转圜余地，但是另外一个条件，如果实现了自己很高兴，也不见得一定要坚持到底；剩下的则是那种可能对别人是非常重要的，但是对自己来说则可有可无。

　　顺序因人而异。比如，一对夫妻在找房子的时候，丈夫认为要住得离地铁站近一些，这样交通比较方便，因此心仪某个房子；而妻子则认为没有阳台对洗衣服来说不方便，所以想选择离地铁站远一点的另外一间房子，两个人因此产生争论，迟迟无法做出决定。

　　人，依循自己的价值观，构筑意见，拟定策略，并产生行动。也就是说，在拟定策略之前首先要了解自己的诉求，这是非常重要的。

　　如果一个人认为家庭比工作重要，那么，对于他来说，即使有个聚会会让他收入一大笔金钱，但只要是在星期天，他就会拒绝瓜分和家人相处的时间而不去参加。相反，认为工作比家庭重要的人，即使已经和孩子约定周末去动物园，也会爽约，去参加聚会。

无论策略制定得多么完美，只要和自己的价值观相悖，都无法执行。这就和即使房子非常好，但是和自己的价值观不符，不喜欢，所以无法搬进去住一样。

拿出纸笔，马上确定你的价值观吧。

请你将人生中重要的事物列出来：

家庭	工作	金钱	朋友
自由	名誉	健康	时间
成长	规律	成功	疗愈
美貌	爱人	青春	宠物
睡眠	被爱		

请将你认为重要的事物一一列出来，当然，上面没有提到的，你也要尽量列举出来，可以是具体的事物、具体的人名，

都没有关系，哪怕你写下了法拉利与劳力士手表或是阪神虎队都可以，任何事物都可以。

全部列出来之后，根据你的重视程度，将它们从高到低排序。绝对不要出现同等重要、并列的情况。

人生在世，你必须面对选择。

事先了解透自己的价值观，当你在制定策略与行动的时候就不会陷入进退两难的境况。

另外，价值观会根据时间、状况的变化而发生改变，所以最好定期检视。

媒体上的资讯只是理解的一种

当你确定了目标，并进行了自我分析之后，你还要着手分析作为目标的事物。

以大学入学考来举例，目标分析就相当于根据大学指南或者相关说明，来调查大学的沿革和校风、入学考题等工作。

目标分析，首先要做的是收集资讯。

但是，很多人对资讯抱持着根本错误的观点。

例如，在事例4中提到的山村，虽然他在完全没有进行自我分析的情况下就进行了投资，这一点的确有问题，但是他犯的最大错误在于，盲目接受了单一艺人的意见，并做出了盲目的投资。

我刚进入大学教学的那一年，有一件事情，那是一堂"英国文化论"课，当时我是以英国文学、英国文化专家的身份站在讲台上，给学生们讲述英国的种种。当时，有个学生对我说："老师，你上个星期提到的事情的确是真的！福山雅治[①]

---

① Fukuyama Masaharu，日本男歌手、演员、词曲制作人、摄影师。

在广播中也提到了同样的事情。"

当时，我备受冲击：

英国文化专家在课堂上提到了英国的状况。

然后，福山雅治偶然间在广播中也提到了相同的事情。

这样一来，是不是学生就会觉得福山雅治也对英国的文化知之甚详呢？

虽然我当时只是一名二十七岁的新晋教师，但是我有着我的自负，毕竟我拿到了博士学位，曾经在剑桥大学留学，是英国文学和文化方面的专家。

为什么我说的话，还要由福山雅治来证实？

福山雅治真的那么了解英国吗？

但是，这是学生的实际情况。

只要他们不喜欢哪个老师，这个老师说的话他们就一点都听不进去。然而，如果是木村拓哉、福山雅治、北野武、明石家秋刀鱼或者是塔摩利说的话①，每一句都会成为金玉良言。

---

① 木村拓哉，日本全能艺人（演员、歌手、主持人）。北野武，日本电影导演、演员、相声演员、电视节目主持人、大学教授。明石家秋刀鱼，日本谐星、演员、主持人。塔摩利，日本谐星、主持人、演员、歌手。

更进一步来说，不仅仅是学生，而是大部分日本人都秉持这种思维模式。

接下来，我将此事件称为"福山雅治事件"，经常在我的演讲中提到，但是在我指出学生话语中的奇怪之处以前，几乎没有人因听到这件事而有任何感觉。

由"福山雅治"事件，我认识到，若想实现我的教育模式，我必须具备影响力。一方面我在课堂上对学生讲述媒体素养的重要性，另外一方面，也利用他们使用资讯的方式，开始在媒体上露面。

在我担任电视英语会话节目固定成员的那几年，学生们总是认真听我在课堂上说的每一句话。也就是说，即使他们不想听区区一个英语教师的话，但是他们会认真听在电视英语会话节目中出现的老师的话。

但是，这真是太奇怪了。

认为电视上以及报纸上传达出的事情、资讯就是真实的，这种逻辑本身就是错误的。我曾经听到过这样的话"网络上有提到，一定错不了"，但网站类的媒体，即使没有特别的知识，只要会使用网页制作的软件，任何人都能够做出信息来。

相对于艺人说的话，通常大众会认为可信度比较高的新闻节目主持人的发言，也不过是理解的一种而已。

体育类报纸当然就不用多说了，而例如《朝日新闻》《读卖新闻》等一般的报纸也好，上面刊登出来的内容，除了时间、地点、人物以及事件本身之外，全部都只是记者的一种理解。当然了，包括我在内的大学讲师等专家的意见，也不过只是一种解读而已。

在收集资讯的时候，如果只听信广播、电视、报纸以及网络等媒体提到的消息，就武断相信那些资讯的真实性，那么就很可能做出基于错误资讯的行动。更糟糕的是，**一旦某种意见扎根在自己的意识中，人就会据此来收集资讯**。这种情况下，人们对一件事情真假与否的判断，往往会依从最初得到的讯息来进行，排除其他的选项，进而陷入假资讯重复假资讯的恶性循环中。为了避免这种情况，要时常意识到我接下来要谈到的资讯对等的问题。

尽可能获取多元化资讯

在第 2 章中，我阐述了"理解"，我们知道所有的事物不过都是一种理解，而媒体则是理解应用最多的一种。

前一段时间，我听到了这样一件事情。

有一份报纸提到，美国职棒大联盟中的某个日籍选手"不考虑回日本棒球界"，但是，其他的体育报纸传达出的讯息则是他"考虑回日本棒球界"。

他的大致意思是这样的：

"我深知自己的处境很艰难，但是今年我不会考虑回日本棒球界。我决定，哪怕在小联盟打球，也要继续在美国奋斗下去。当然，如果没有任何的球队提出签约要求，我也有可能考虑回日本球团。"

将这段发言的前半部分放大，就会得出"不考虑回日本棒球界"的结论，而将后半部分放大则会变成"考虑回日本棒球界"。

无论哪一种说法都是不全面的。

放大一段发言中的哪一部分，完全取决于记者。

理解不同，就会出现这种完全相反的结论。

基本上，媒体是刻意如此操作的。

举例来说，假设事实是：小泽一郎[1] 运用政治力量，让一直没有通过的法案通过。

"小泽一郎使用潜规则暗箱操作，强行通过法案"，用这样的标题，再配上一张丑恶的臭脸照片，那么小泽一郎一定是个反面角色。

"小泽一郎——果断领导力！在朝野席次呈现扭曲现象的国会中，漂亮地让法案顺利通过！"若果是这样的文字，再配上利落指挥职员的照片，小泽一郎一定是个大明星。

相同事件，根据文字的描述角度，配备不同的照片，就会呈现出将读者引向不同方向的效果。

电视节目若想做这样的诱导，当然更简单。

通过影像的剪接、播放，以及解说员的话，想实现何种诱导观众的想法，都可能实现。

举个例子，曾经有个恋爱的综艺节目，一度风靡日本。

---

[1] おざわいちろう，日本实力派政治家。

在节目中，四位男士与三位女士搭乘巴士，环游世界各地，在环游的过程中寻找恋爱的机会。节目成员向心仪的异性告白时，要递给对方飞回日本的机票，如果对方接受，两个人就接吻并一起回到日本；如果对方不接受，节目成员就独自回日本。

假设你看到的是下面的画面，你会产生怎样的感觉？

画面：A 先生和 B 女士坐在公园的长椅上亲密地聊天。

↓

看到这样的场景，摄影棚里的主持人说："感觉很不错啊。"

↓

当天晚上，A 先生在日记中写道："喜欢！喜欢！真的很喜欢！"

↓

"什么？A 先生喜欢 B 小姐啊。"摄影棚中的主持人这样说。

我相信，一百个观众中有一百个人会相信 A 先生喜欢 B 小姐。

接着，就是告白的时刻了。

A 先生手拿飞往日本的机票，但是，他告白的对象却是……C 小姐。摄影棚内的主持人发出惊呼。当然，摄影棚内也是一阵骚动。

这真是冲击性的发展。

对于恋爱节目来说,这样的发展是最吸引人的吧。

实际上,A先生在遇到C小姐的那个瞬间就对她一见钟情。然后,A先生一直持续追求她,当然,最后是向她告白。

显然,节目组也收录了很多A先生追求C小姐的场景,但是因为电视节目的时间限制,所以无法全部播出,必须剪掉。这个过程就称为"剪接"。

A先生追求C小姐的场景很多,导演剪掉了部分,并且选择了A先生与B小姐坐在长椅上热聊的画面。

摄影棚内的主持人和嘉宾一看到这样的场景,就直接说出了自己的感觉:"感觉很不错啊。"

综艺节目的主持人和资讯节目的解说员,通常都有试听者或者代言人的作用。

另外,那天晚上A先生在日记中写的是:"我喜欢C小姐。喜欢!喜欢!真的好喜欢!"

当然,制作单位并不会拍摄整篇日记的全部,而且,日记上的文字不大,摄影机必须拉近镜头。不断拉近,拉近,再拉近，为了清楚拍摄到"喜欢！喜欢！真的好喜欢！"这个部分，拉得太近，所以"C 小姐"这几个字才没有出现在镜头中。但是，最重要的部分已经确实收录到了。

摄影棚中的主持人只是在看到部分影像的时候，就直接说出了自己的想法："什么？ A 先生喜欢 B 小姐啊。"

最终，在节目中呈现出来的，就不是 A 先生对 C 小姐一见钟情并持续追求，最终失败的单调的过程，而是出现了 A 先生似乎喜欢 B 小姐，但事实上却是对 C 小姐告白的冲击场面，而这就构成了综艺节目最理想的效果。

如果，将之称为"做假"，就大错特错了。

这一系列过程不过是个人做好了分内的工作的结果。导播从大量的影像中做出选择取舍；摄影师通过镜头收录了最重要的文字；摄影棚内的主持人全心关注影像，并直接说出自己的感想。

没人说谎。

得出"A 先生喜欢 B 小姐"这个结论的观众，不过是因为通过观看一系列的影像，自己认为的而已。

在这里，我所要表达的和刚才的新闻例子相同，虽然这样的综艺节目并没有捏造事实，但是只要通过呈现方式，就能够诱导观众的想法。我自己也曾以导演的身份参与舞台剧的制作，也多次以制作人的身份制作节目和电影，非常清楚通过"剪接"以及"导演"的名义而进行的操作手段。

这里举的例子似乎有些夸张，但是，传达信息的人为了将主张传达给试听者，多少都会做出类似的事情。

无论是书籍，还是杂志、网络，都是一样的。

这就是媒体的可怕之处，他们能够轻而易举地诱导读者或试听者的感官。

虽然如此，但是媒体和我们的主要资讯来源并没有错。

因此，在收集讯息时，关键点就在于确实保证资讯的对等化。

简单来说，当你在阅读报纸的时候，你看到一条新闻报道，不要立刻就相信是真的，而是尽可能阅读大量的报道。电视新闻也不要只看一个频道的，要看看其他的频道。杂志或者书籍也是相同的道理。

尽可能接触更多的资讯来源，了解更多的解释，使资讯对等化。

而且，对于不同的报道要进行思考，对于这件事情，这则报道是这样写的，而另外一则报道是那样写的，这部分让人觉得前者是正确的，而其他部分却让人觉得后者是正确的……这样去思考，认清"自己心目中的真实"，这一点非常重要。

总之，要接触更多的资讯来源，养成资讯对等化的习惯。

确定目标，而且对象明晰的话，就要分析对象。若要调查成功案例，也不要只调查一个案例，而要尽可能多地调查其他成功案例。征求达成目标的前辈的意见时，也不要全盘听从一个人的建议，要聆听更多人的想法。看书时，不要只看一本书，而是同一个主题的书多看几本。参加研讨会，也要参加各种类型的研讨会。

在资讯对等的前提下，一边建构自己的意见，一边分析目标，就能够找出自己出击的方法，也就是策略。

明确目标后，要弄清自己的价值观，不要过度放大或缩小自己，接纳最真实的自己。接着，进行目标分析的时候，不受媒体左右，要接触更多的资讯来源，使资讯对等化，养成建构"自己心目中的真实"的观念，如此就能够完全掌握自信思考的第四个原则。

掌握这些要点，燃起你的自信！

▲自我分析时，不过度放大或缩小自己，接纳自己最真实的样子。

▲将所有事物，依据自己的重视程度，从高到低排序，明确形成顺序的关系。通过这个过程，了解自己的价值观。

▲分析目标的过程中，在进行资讯收集时，不要全盘接受媒体传达出的讯息。

▲通过接收尽可能多的资讯、确保资讯对等化的前提下，建构自己心目中的真实。

第5章

拟定有效策略

拟定策略的过程中，一旦觉得自己曾经制定的策略
有所失误，就要立刻修正，不要执着。
经常将"放弃"当作一个选项，会使你拥有不止一
个想法，并拟定出更多、更有效的策略。

事例 5

　　田中成一，37 岁，就职于 A 人寿保险公司。在朋友的招待下，出席了一场宴会——这是最近迅速在行业内崭露头角的资讯科技企业为了庆祝成立五周年而举办的纪念宴会。

　　他想，如果趁此机会谈成一笔订单也好。

　　宴会中，他和恰巧站在自己身边的企业员工交换名片，并和出席宴会的其他人员交换名片，随便聊一些公事、私事等，度过了有意义的一个晚上。

　　A 公司的竞争对手、B 人寿保险公司的超级业务员佐山亮（32 岁）也在宴会中。他没和任何人交换名片，而是认真聆听台上的致辞。没过多久，他和一个曾和社长热络聊天的人交换了名片。

过了一会儿，这个人就将佐山亮介绍给了社长。

宴会结束后没几天，田中成一给在宴会中交换名片的人发送了邮件，希望保持频繁联络、洽谈业务，但是，那家企业的员工和出席宴会的人都还比较年轻，如同预料中的，田中成一没有谈成任何一笔订单。

另一方面，佐山亮通过和社长的谈话，寻找出了最佳的商业合作，帮这家公司和他学生时代的朋友牵线。一个月以后，佐山亮拿到了这家资讯科技企业的法人保险签约——公司给全体员工买了B公司的人寿保险。

找出到达目标的最短距离

构成自信思考的第五个绝对原则是策略。

在确定目标，并进行了自我分析和目标分析之后，接下来的一步就是要拟定策略。在拟定策略时，最重要的一点是找出到达目标的最短距离。

因此，说**策略就是找出到达目标的最短距离**一点都不为过。

在事例5中，田中和佐山都希望能够获得保险订单，但田中完全没有任何策略，只是抱着哪怕谈成一笔订单也是好的的心态，仅仅是和刚好站在自己附近的人谈天，交换名片，度过宴会时光。

相反的，佐山从一开始就设定了目标，就是希望拿到一大笔法人保险订单。不用说，要实现自己的目标，最短的距离就是联系到该企业的社长。

所以，在整场宴会的大部分时间里，佐山没有和其他人交换名片，而是一心寻找和社长接触的机会。

接着，他发现了能够和社长产生联系的人，然后制造了和这个人接触的机会，并通过对方将自己顺利介绍给社长。

但是，佐山并没有立刻开始谈自己的业务，而是询问社长的喜好，通过顺应社长的喜好，进而取得社长的信任。最终，成功地在短时间内就拿到了梦寐以求的法人保险订单。

如此，是否有策略，也就是说，是否有寻找达到成功的最短距离的态度，结果将大为不同。

当然，在确立目标后就要开始寻找达到目标的最短距离，但不要只是在脑海中思考，而是要**试着行动，找到最短的距离**。

有学生问我："我想当英文小说译者，要怎么做才好？"

我问他有没有进行过相关的学习，他回答说："因为我对自己的语法很有信心，所以现在在努力背单词。"

我给他建议："如果有时间背单词，最好可以仔细读一下《论语》。"

听完我的建议，他愣住了。

虽然不能直接说，想当翻译的人看单词书、背英文单词是在浪费时间，但是这样做确实是在绕远路。

　　将英文小说翻译成日文，是将原来的英文表现形式换成日语的表达，但是，实际上大不相同，举个例子来说，即使是意思接近，是译成"寂静""安静""寂然""沉默"还是"静谧"，都会带给读者不同的体验吧。

　　要选择适合的日语单词，当想不出来的时候，即使知道英文单词的含义，也需要查询基本英日字典或英英字典，然后，根据国语字典或类语字典查询字典上的表现形式。翻译的时候，要反复进行这样的工作，并思考如何用日语来表达。也就是说，无论你是否知道单词的意思，都需要查字典。

　　如果有时间看单词书，背单词，那么也可以读一下《论语》，以增加日语的表现形式，这可以视作翻译武器。这应该就是成为小说译者的一条捷径。

　　各位只要稍微尝试一下，就会明白我的意思。

　　就像上述所说，找到达到目标的最短距离，就能够让目标加速实现。

　　七年前，我对音乐十分迷恋，当时我就想一定要出一张自己的CD。而且，不仅仅要发行CD，既然要做，就要超越

当时从推出第一张作品就占据销售排行榜冠军的孩子先生乐团
（Mr. Children）。

发行 CD，销售量超过孩子先生乐团。这就是我的目标。

接着，我立刻进行自我分析（不能过度放大自己，也不能过度小看自己，要客观地接纳最真实的自己）：

1. 我的歌唱能力一般，如果有十个人一起去 KTV 唱歌，大概能排到第二或第三好听的样子。唱得比我好听的人，在日本不胜枚举。

2. 如果我的歌唱实力超越孩子先生乐团的主唱樱井和寿，超越放浪兄弟（EXILE）的 ATSUSHI，超越河村隆一，那么我要制定的策略明显就会更容易。若是那样，我就可以参加日本最大型的歌唱比赛，轻松获得冠军，接着就可以通过大型唱片公司出道，卖出不错的销量。但是显然事实并非如此。

3. 我也完全没有作曲的才能。显而易见，一定要让更有才华的人做这件事才好。

自我分析之后，要做的就是目标分析：

从头来说，如何才能发行 CD？

我找来相关图书进行了研究，又向音乐界的朋友进行了咨询，尽可能多地收集资讯。

如果我的目标只是要发行 CD，那么我很清楚，只要有足够的钱就能够做到。如果预计一百万或两百万日元，就能请到人给你作曲，进入正式的录音室中录音，编曲、混音、制作都能够请到专业的人来操作，也可以制作出 CD 套封，并交由独立的唱片公司来发行，如此就能让 CD 在全日本流通销售。

当时我三十多岁，有一定的积蓄，所以对我来说，要达到这个目标的最短距离就是出钱。

但是，我的目标是发行 CD 并且销量超过孩子先生乐团。

自费发行唱片的策略无法让我实现这个目标。

那么，将试听带送到大型唱片公司，请他们评估呢？

唱片公司应该不会理吧。

即使唱片公司会听，以我的歌唱能力来说，听到第一首歌的 A 段就会被淘汰吧。

那么，如同柚子①那样，在街边卖唱，等到制作人这种音乐人士来发掘呢？那应该会等到此生完结。

更何况，以我的歌唱水平来说，也不能那么做。

———————————

① 柚子，日本著名的双人歌唱组合。

退一万步来说，即使上述问题通通解决了，莫大的好运降临在我的头上，有知名制作人为我制作唱片，大型唱片公司强力发行。但是，在 CD 堆积如山的唱片行里面，当孩子先生、SMAP、岚、泉忠司、滨崎步、放浪兄弟、南方之星等歌手的专辑排排摆放，即使是我自己，也不会买我的 CD。

我如此细致地思考了这些未曾发生的事情，可能会有人觉得我是傻瓜。但是在认真思考这一切的可能性的时候，思路就如此打开了。

"不可能"这三个字是恶魔的预言，它会让思考停止。

总而言之，要实现这个目标，正面的对抗显然是非常困难的。

和孩子先生一对一挑战，一定赢不了。

但是，不能就这样放弃，一定要能做到。

接下来，我开始思考，只要避免和孩子先生正面交锋就会赢。

那么，唯一的办法就是在没有陈列孩子先生专辑的地方发行 CD 了。

CD 只能在唱片行发售吗？

　　带着这个疑问我开始了观察，然后我发现，除了唱片行可以发售 CD 之外，还有一个地方也可以——那就是书店。

　　我如同往常一样去逛书店，也如同往常一样在语言学学习区闲逛，却发现我过去从来不曾发现的东西闪耀着光芒——这就是我前面提到的吸引力法则，以及色彩浴的效果。

　　我看到的，是和英文以及中文语言学学习书一起销售的 CD。

　　语言学学习书的最后，不是通常会附上一些由该语种人士录制的例文 CD 吗，我的目光就停留在了那上面。

　　这种 CD 不就可以成为我的专辑吗？我的脑海中瞬时出现这样的想法。

　　我之所以会产生这样的想法，很明显，是因为"发行 CD 并且销量超越孩子先生"这个目标很明晰，所以我才会产生上面所说的思维脉络。在此之前，我在书店的语言学学习用书区逛过几百次、数千次，但是我从来没有想过要用语言学的学习 CD 当作我的专辑。

　　我的歌唱实力无法超越孩子先生的樱井和寿，但是在英语领域，我可以说是专家中的专家。

无论是樱井和寿，还是南方之星的桑田佳佑，在英语领域的较量我都会获胜。通过歌曲来学习英语，从我的语言学理论角度来看，也是一个十分正确的做法。

书店不会销售其他的音乐 CD，所以我的 CD 如果在这里销售，我就能够赢。因此，我确定书店就是我取得胜利的唯一正确战场。

接着，就要着手进行详细的内容调查。

举个例子，通过歌曲学习英语的 CD，如果是英语对话、托业或托福之类的内容，绝对要由英语是母语的人来演唱，但是我的母语不是英语，所以行不通。

我思索着作为一个日本人在唱英语歌方面所占的优势，然后，我发现了大学入学考试的英语语法例句的背诵内容。

如果以这种形式出版的书，书名一定会是类似"唱歌学习英语语法"这种的，但是这样一来，那些偏差值在七十以上的学生就不会购买这种旁门左道的书。

无论如何推想，这种书都是偏差值在五十的学生才会买的，一句话来说，这种书的目标群体一定是那些英语比较差的学生。

而且，对于英语比较差的学生来说，即使听了以英语为母语的人的发音，也应该是听过就忘记了，还不如听一个地道的日本人来演唱。也就是说，要刻意用日式英语的发音方式来演唱，这样就能使听的人印象深刻。

这个想法成形之后，我就在完全不会大学英语的班级中做了试验。

首先，我将歌词进行了排序：日译→英语→日译→英语，做出了一首只要学会整首歌就能完整记下"虚拟语气"语法例句的歌曲。然后，我选择了两个班级发放这张CD，其中一个班发放的CD是请一个以英语为母语的朋友演唱的歌曲，另外一个班则是发放了我以日式英语演唱的歌曲，并且同时附上了"虚拟语气"的讲义。最后，我告诉学生们，下周要进行考试，考试的内容就是"虚拟语气"。

第二周考试的结果显示，很明显，拿到我演唱的CD的那个班级的平均成绩压倒性胜过那个拿到英语母语演唱CD的班级。

这个试验让我确信，我的方法是可行的。

　　更重要的是，这张 CD 虽然是随书赠送的，但是，对于我来说，却是一张在书店销售并随之赠送图书的唱片。但是，没有人会去书店买 CD，大家去书店都是为了买书，所以我还是要尽心编写图书，将我用半年时间从偏差值三十进步到全国模拟考试第一的方法，毫无保留地贡献出来。

　　另外，如果要将它当作音乐来考量，优先考虑的是其完整性，因此就要加入普通音乐那种绝佳的混音，还要加入很多音效等效果来修饰，以突出主唱者声音的立体性。

　　但是，购买者对这张随书附赠的 CD 的最大需求在于例句背诵的难易程度，而不是音乐的品质。

　　因此，这张 CD 的混音是将英语和日语分成左右两个部分，当你摘下一侧的耳机，你就只能听到英语的内容，另外一侧只能听到日语的内容。所以，这张 CD 并不是立体声，而是分别的单音道的状态。

　　而且，为了让购买者能够听清楚主唱演唱的内容，这张 CD 基本没有使用音效，在编曲上，不用音效盖住或者装饰主唱的声音。

　　秉持着无损教育性，而且又能当作音乐来欣赏的原则，我完成了这张实现最佳平衡、让我甚为自豪的 CD。

最后发行的就是《完全制霸！唱歌背诵英语语法》这本书。

从我产生"发行 CD 并且销量超越孩子先生乐团"这个想法，到发行销售，总共用了大概五个月的时间。

结果，这本书在上市第一周就销售了几万册，后续又数次再版。换句话说，我的专辑在一周内就销售了几万张。不过由于是在书店内销售，所以并不会出现在日本的公信榜，但是从销售数据来看，也是足以登上日本公信榜第一名的。

然后，我又先后出版了《完全制霸！唱歌背诵英语单词（最重要篇）》《完全制霸！唱歌背诵英语单词（高级篇）》《完全制霸！唱歌背诵英语单词（短句篇）》。总之，我的专辑又发行了第二张、第三张和第四张。

这个系列总计销售了数十万张。

接着，全部歌曲都改编成了手机铃声，最终收录到了卡拉 OK 中。

在 KTV 的机器上输入我的名字，就会出现一系列歌曲，这是让我最感动的事情。

后来，甚至翻译成韩语版本发行了。我在亚洲地区出道了。

说实话，我也不知道自己是否赢了孩子先生乐团。但是，十个人去 KTV 唱歌，好听程度也就在第二或者第三的程度，只用了五个月的时间，发行的 CD 数量就相当于日本公信榜排名第一的销售量。然后，又在亚洲地区出道了。这难道不是已经很了不起了吗？

由于这个经历，我也开始以音乐制作人的身份活动，现在我的手中已经有了两个出道的偶像团体。

而且，这些偶像团体挺进了日本公信榜，最新的单曲也胜过了 B'z、岚和 AKB48，获得日本亚马逊网站综合音乐类第一名。

可以说我是完全实现了目标。

寻找最短距离的第一步是复制

这个方法，是我在考大学的时候学会的。

我在高二第二学期之前，因为自己学习不用功，所以平均偏差值只有三十几。为了能争取到一流大学学费全免的资格，我必须努力以顶尖成绩考入。

开始用功后我才发现，一年的时间真的非常短暂。

即使花全部的精力，我也没有时间学完所有的内容。因此，我冥思苦想，要如何才能付出一分的精力而学会全部的内容。

首先我要做的事情是调查那些曾经成功的例子，也就是说，不断熟读"考学经验谈"这种内容。

与从头开始寻找学习的方式相比，以他人成功的方法为蓝本，再实践出适合自己的方法，这绝对是一条捷径。

一切从复制开始。

我想，很多人一听到"复制"二字就会产生反感。但是，那种能从 0 创造 1，从无创造有的天才几乎是不存在的，而将 1 变成 10 的人，世界上不胜枚举。

举个例子，如果想制造出画面效果比过去都优质的电视机，应该没有人会从 0 开始，重新去研发电视机吧，而是根据市面上已经在销售的产品、已开发的技术，经过组合、应用，进而制造出更好的产品。

这个时候，应该不会有人指责这个研发的人吧。

人类都是继承祖先的智慧，并积极改进，才促进了文明的发展。若说这就是人类的发展史，也不为过。

世界上的伟人和领导世界的人，都毫无疑问地善于复制他人的智慧和长处。他们找出已经存在的好方法，思考出适合自己应用的形式，衍生出新的方法。

我们必须充分复制祖先们的智慧，也就是复制成功的例子。

因此，我当时主要参考的例子，都是那些平均偏差值特别低、在学习的历程中起步晚、最终考上了知名大学的人的方法。

查看考取大学的经验谈时，会看到各种各样的人和各种类型的事例。但是，那些知名高中、长时间充分准备考试的学生的经验，对于我来说根本没有什么可以参考的价值。因为，他们的情况和我相距甚远。

　　商业上也是相同的道理。

　　例如，一个身无分文的人打算创业，他要参考的例子就不该是原本就有雄厚资金和土地的人的成功经验，而是同样身无分文白手起家的人的经验。

　　阅读成功者的故事而希望获得经验的时候，这些成功者如松下幸之助、孙正义、比尔·盖茨、乔布斯等人的方法各不相同。寻找到和自己的情况越是相似的例子，那么可参考的部分就会越多。

　　无论多么厉害的经营者，或者是多么成功的商业人士，也并不是从工作的那天就获得高评价的。因此，要根据不同的情况，从模仿开始。职场上的上司或者前辈必然是模仿对象，同行或者客户，哪怕是其他行业的技巧和方法也一定都有可取之处，并且在此前提下提出自己的建设性意见，就可以成为不同凡响的经营者或者商业人士。

不囿于眼前利益，先投资时间、金钱和精力

在寻找策略的时候，对于时间、金钱、精力的考量，一定不要囿于眼前的利益，这一点也至关重要。如果说这一点无论何时都是重要的，也不为过。

但很可惜的是，很多人都会执着于眼前的时间和金钱，限制自己的成长。

就以学习电脑为例。

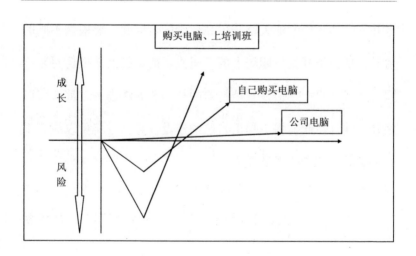

例如，有些人会利用公司里的电脑以及学校电脑教室中的电脑，闲暇的时候就会练一下电脑技能。这样做相当于没有任何的付出，因为电脑是公司或学校购买的，所以自己用起来丝毫不会心疼。趁着上班或者上课的时候练习，也几乎不会花费自己的任何时间，而且也不需要自己付出多少精力。总之，可以完全节省眼前的时间、金钱和精力。

但是，这么做能提高电脑技能吗？当然，一定会慢慢进步的，不过成长曲线画出来一定是非常平缓的。

假设，自己下定决心购买一台电脑练习技能呢？这样就需要支付一定的费用，不仅购买电脑时要花费一定的时间，而且也要付出相应的精力。总之，首先就要花费时间、金钱和精力。

但是，只要用了自己的电脑，就能根据自己的需求安装相应的软件，就能够随时练习，快速提升自己的技能。

那么，就再做下更多的决定，不仅自己购买电脑，同时也去培训班上课吧，这么做当然会花费一笔不小的费用，而且下课或者下班后去上课也会占用很多时间和精力。一开始花费的时间、金钱和精力会非常惊人。但是，一定会快速成长。

像这种，**越是先投入更多的时间、金钱和精力，成长就**

会越快，最终获得的利益就会越多。

我的处女作小说《CROSSROAD》，最开始的时候是在手机网站连载的。

当时和网站的合同谈定的是连载之后出版图书，但是，即使连载完后出了书，处女作若不畅销，就不会有第二本的机会。因为我的梦想是成为小说家，所以我在心中暗暗发誓，第一本小说一定要登上畅销榜。

首先，在小说连载之前，我先去了小说中设置为场景的涉谷街头，寻找小说中出现的咖啡厅。

这个故事中的人物经常去的咖啡厅，无论是虚构的还是真实存在的，都没有关系。

但是我认为，如果要促成更多的人来购买，那么最好还是利用真实存在的咖啡厅，所以，走遍了涉谷街头，找到了一间形象气质符合小说内容，并且顾客也非常多的咖啡厅，然后和店长进行了交谈。

首先，我和店长确认的是是否方便让咖啡厅出现在我的小说中。对于这种免费的宣传，我想没有店长会拒绝吧。

然后，我提到咖啡厅作为场景会在小说中出现数次。

我会将咖啡厅场景的叙述制作成杯垫，希望咖啡厅能使用。

虽然这家咖啡厅平常并不使用杯垫，但还是接受了我的提议。如果使用的咖啡垫上印刷的是自己的咖啡厅作为场景的叙述文字，这也是一种很好的宣传，如果连这种合作都拒绝，应该不是一个聪明的店长。

更重要的是，我承担全部的费用。因为，如果需要对方出资金，事情就会被曲解。反正杯垫是一种纸制品，即使大量印刷，成本也不会很高。

杯垫上印刷了一小部分小说中描写咖啡厅场景的文字，并标注了"更多内容，请看……"的字样，并附赠上了连载网页的快速回应码（QR Code）。由于是咖啡厅，所以那些打发时间的人，等着迟到的同伴的人，以及闲得慌的人都会阅读。

另外，这家咖啡厅在夜里就摇身一变成为一家酒吧。因此，我向店长提出要求，希望他们能够依据小说中出场的人物为蓝本，调制出独具特色的鸡尾酒。我自己担任总监，请对方调制出四种以主角名字命名的鸡尾酒。

只要有一两个小说读者因为小说而来，对于咖啡厅来说都是增加了新的客户。而鸡尾酒是以这家咖啡厅平时就使用的酒类或者饮料类来调制的，所以对于他们来说，不会产生金钱的额外支出。

这种要求，店长当然也不会拒绝我。

接着，我制作了杂志等媒体经常刊登的、需要回答是 / 否的心理测试题，当然，我在小说连载的页面也设置了会弹出来的快速回应码，然后让咖啡厅将做好的书面测验题放在餐桌上，和菜单放在一起。

举个例子来说，做心理测试的时候，第一题是"你属于社交类型"的"是"或者"否"，然后进行后面的"是"与"否"的回答，将测试题做完之后你就会知道自己属于小说中登场的四个主要人物的哪个类型。

虽然我们调制出了以小说主要人物名字命名的鸡尾酒，但是对于小说读者之外的人来说并不知道其中的含义，如果餐桌上有心理测验试题，顾客自然都会做做看。

接着就可以得出"你属于 × × 型，适合 × × 鸡尾酒"的结论，还配有该人物的特征描述。这样一来，即使并没有看过这本小说的人，也会点这杯鸡尾酒，并且也会阅读这本书。

　　这就是我为了处女作《CROSSROAD》的销售所进行的诸多策略之一。我希望通过这个例子可以让读者明白，我在时间、金钱、经历上做了相当大的前期投资。

　　结果，《CROSSROAD》连载时点击数超过了一百万次，图书出版时销售火热，系列小说成为销售量超过一百万册的畅销书。

觉得不对就立刻放弃

虽然我们在一开始就已经投入了时间、精力和金钱，但是，一定不要执着于眼前的利益，一旦发现想法、资讯或者事情有所不对，就要立刻放弃。

日本人有一种情形，规则一旦决定了，就几乎不会改变，然后就只做符合这个规则的事情。只要看一下政界，就会充分了解这个情况。

在日本的历史上基本没有出现过，彻底进行的社会改革和下定意志废除旧法案这种情况。即使无论如何与时代不符、脱节，人们依旧会认为，从过去开始就存在的法律和方法一定是不可侵犯的，始终只会在一定范围内进行小幅度修改，用以适应当下，所以这样的修法多半不会修得多么有意义。

相反，对于欧美来说，改变规则是很平常的事情。

例如，在 1998 年的日本长野冬季奥运会上，日本滑雪队发挥了超常的实力，无论是个人还是团体都获得了冠军，但是，没多久之后，国际滑雪联盟将滑雪板长度的规定进行了修改，接着，日本滑雪队就进入了无尽的低谷期，完全没有获得任何奖项。也就是说，有些人在无法取得胜利时，就通过改变规则来获取胜利。

也许有的人会觉得这样的做法很夸张，但是，在拟定策略的时候拥有这样的思维模式是非常重要的。就如同第2章所说的，人生的一切都在于理解。规则这种东西，都是人们规定的，也就是说，规则也不过就是那些制定规则的人的理解，并不是绝对的。所以，有所改变也没关系。

同样的道理，虽然很多人都执著于某些资讯和事情，但是就如同第4章提到的，不要轻易相信最初获得的资讯，也不能只专注于最初使用的方法和工具。

我在准备大学考试的阶段，在完成了自我分析和目标分析之后，终于准备购买参考书了，但是一直到真正确定购买哪种参考书，我至少用了大概两周的时间。当然，老师和同学都会推荐一定的参考书，但是我不会因为这本参考书有人推荐这个原因，就去购买。

在五个考试的科目中，我决定先从英语来着手学习。我来到书店中，一站就是一天，我将所有的参考书都从头看到尾，买回觉得适合自己的参考书，但是试用之后，自己觉得有一些不对劲，而且成绩也没有变化，立刻就不再用了。

然后，我又来到了书店，将其他几本参考书买回去试用，只要觉得书不对，我就放弃……如此反复多次，大概淘汰了三十本吧。一直找到我觉得"就是这本"为止，大概用了两周的时间。

每次提到这件事的时候，都会有人说将参考书丢掉是浪费的行为。参考书的平均价格大概是一本一千日元，淘汰三十本书就等于扔掉了三万日元。

而且，虽然我下定决心要努力学习，但是我并没有立刻这样做，而是花费了两周的时间挑选参考书，从某个角度来说，这也是浪费了两周的时间。

但是，请仔细想一下，如果我使用的是不适合自己的参考书，努力学习了一年，然而成绩却没有达到预期的效果，最后并没有考上大学，那我就是白白浪费了一年的时间。而且上复读班，就要再花数十万日元。

如果换作是你，你会选择浪费一年的时间和数十万日元，还是选择浪费两周和三万日元？

我当然会选择后者。由于我选择的是适合自己的参考书，所以进步一定非常快。仅仅是将这本参考书读透，英语的偏差值就从三十上升到了六十五。

所以，一定要养成这样的习惯：

无论是资讯、想法还是事情，一旦发现有所不对，就要立刻放弃。拟定策略时，只要觉得过去想出来的策略不对，就不要执行。经常将放弃当作一种选择，你就能够获得更多的想法，进而拟定出各种策略。

"为什么"这个词是特别的,它能破除限制、回归本质

"你竟然能想出这样的点子""幸好你制定了这样的策略",我经常听到这样的话,但是我认为,对于这一点,任何人都做得到。

学习自信思考到现在,你应该已经清楚了,规则和固有观念并不是一开始就存在的,但是,如果说一句"这是理所当然的",就会让思想止步,想法落伍。

要想拟定一个会让所有人都为之欢呼震惊的策略,其实只需要一个特别的词。

那就是"为什么"。

这是那些想象总是天马行空的,从不按照规则办事的小朋友们创造的一个方法。小朋友们会不断地问"为什么",即使对于成人来说已经是司空见惯的规则,对于他们来说也是难以理解的。

一旦受到"必须这样做"或"这是当然的"等这种固定

的思维观念或常识的局限，就没有办法进行自由的思考。

世界上的一切事都是理解。

关键点就在于不同于常识或者规则的态度，对任何事都要加以怀疑。

无论何时都要问一句"为什么"，并且自己找出答案。在不断提问—回答的过程中，就能够创造出新想法。

即使是在书本上学到的知识和定理，也要先存有怀疑的态度。

认为一切事物都是理所当然的，然后接受，就无法看到事物的本质。

举例来说，大部分人听到"动词不定式是 to+ 动词原形，有名词用法、形容词用法、副词用法三种"，就会想"原来是这样，我一定要记下来"。

为什么就这样全盘接受了呢？我觉得不可理解。

难道不会产生为什么要加 to 的疑问吗？

难道不会觉得为什么只有名词用法、形容词用法、副词用法这三种？

为什么没有动词用法呢？

其实，这个定理可以问出的问题有很多。

于是，我思考了为什么一定要加 to 的原因，找到答案之后，我就完全理解了动词不动式的本质。因为本书并不是英语参考书，所以想知道具体细节的人请看《完全制霸！唱歌背诵英语语法》《完全制霸！从偏差值三十开始进步的英语语法》（皆为日本青春出版社出版）。

总而言之，为什么要加 to，为什么有三种用法，如果能够回答这些问题，在做题的时候就会畅通无阻。

举个例子，在填写填空题的时候，如果能够了解本质，就不会因为背诵过而填上 to，而是顺其自然地填上。如此一来，其他人一百个问题就要记一百次，而你只需要记一次。

所谓的"看清本质"，应该可以说是"抽象化"的另一种说法。

在策划和制作等业务方面，抽象化是极其重要的。

举个例子来说，一个人来到商场，他对导购员说："我想买一把电钻。"

这个人需要的到底是什么？

"他需要的是电钻"，这样想是错误的。

为什么他要买电钻？

用来煮饭，还是用来洗澡，或者是带着狗散步？

都不是。他是想在某个地方钻孔，所以他需要电钻。

总之，这个人要的并不是"电钻"，而是"钻孔"。

这就是"看清本质"，也就是"抽象化"。如此一来，沟通就会变得更加流畅。

导购和客户沟通的时候就不会问出"你想要哪个牌子的电钻"这种问题，而是会问"您是要在哪里钻出怎样的孔？"

顾客想的是"钻孔 = 电钻"，但是，或许还可以选择其他适合的工具。

如果商场的导购能够给客户介绍出适合的工具，那么顾客就一定会再次光临。

抽象化能力可以经过训练获得。

可以选择一项物品，赋予这个物品更多的功能与用途。

举个例子来说：报纸的用途是什么呢？

当然啦，一定会有"获得资讯"这个功能，接着，请思考其他的用途。最好训练自己，能说出三十至四十种用途。

"包裹脏东西，免得污染其他。""包裹干净的东西，免得被弄脏。""邮递包裹时，可以塞在箱子的缝隙处。""卷起来，当作打气球的球棒。"……坚持这样的练习。

将不同性质的事物组合起来

如果能够掌握"抽象化"的本领，就能够产生将各种不同性质的事物组合的构想。

"这个东西就是这个用途"，这种思维就会消失，并注意到事物基本用途之外的功能，轻易就能够将此事物与其他事物联结起来，不但会因此创造出崭新的策略，还可能衍生出全新的想法和商品。

举个例子，就是将手机和小说这两种性质完全不同的东西组合起来，才产生了"手机小说"，并深受好评。

手机原本只是用来打电话和发信息的工具。

手机刚在日本普及的时候，由于规则问题，在日本的电车内限制打电话，因此，乘客只能使用发信息这个功能。

这个时候，人们发现手机还可以打发时间，空闲的时候也会发发信息，结果就变成了在电车上所有的乘客都低头看自己的手机的奇异景象。

据说，美国的某个作家到日本，看到这个景象后说："如果我的小说可以在手机上看的话……"

当时，已经出现手机小说的原型了，并不是这个作家的一句话诞生了手机小说。但是，"在电车上打发时间"或"有效利用电车时间"这一点，书籍与手机的用途是相同的。

如此，性质截然不同的手机和小说，就这样组合在了一起。

手机小说随着技术和服务的完整性，取得了成功。一旦发掘了"手机是打发时间的工具"这个功能，就可以引申开来。于是，手机与"打发时间"这个关键字搭配产生的各种应用程序应运而生，比如用手机看电视、玩游戏、占卜、猜谜以及看写真集等。

将负分项变成正分项

到目前为止，我前后强调了很多次，人生的一切都在于理解。看上去是负分的事情，往往会变成正分。

这种转变，会激发出新的想法和策略。

我刚进大学当英语教师的时候，对于如何让学生记住重点，感到非常苦恼。

我可以将内容整理得容易记住，将要点浓缩，但是学生们只是记住是没有任何意义的，在记住的前提下还要理解，并且只有记住了才能够加以运用，这样才能提升英语的能力。

因此，我首先要做的就是让学生记住重点。

但是，对于理工科的学生们来说，学习英语并不是必需的，所以他们根本就没有打算去背任何的知识点，因此产生了各种奇怪的理由："我学不会英语""我怎么都背不下来"，他们是一个单词都不想背。

有一次，我和学生们一起去 KTV 唱歌，我惊讶地发现，那个在教室中说一个英语单词都背不下来，英语表达也丝毫不流利的学生，在唱当红的日文歌曲的时候，可以流利地唱出歌词中夹杂的英语，而且不用看字幕。

我说："你们都可以背下英语的啊！"

学生们都笑着回答："真的呀，真的可以背下来。"

日文歌曲中使用的英语，很多都是错误的用法，发音也不正确，根本不能用来当作英语学习的素材。通过歌曲学习英语，通常都会使用披头士或木匠兄妹的音乐。

但是，虽然披头士的歌曲在英语发音和表现形式上都很完美，却很少有人能够记住。唱《Yesterday》的时候，即使脑中清晰地显示着旋律，但是大多数人都只会"Yesterday，lalalala……"地哼唱。

相反的，在日文流行歌中使用的英文，大家都会清晰地记住。那就是因为歌手作为日本人演唱的方法也是日式英语，所以大家轻易就记住了。

总之，日式英语的发音轻松跨越了"背诵"这个障碍。我心里想，就是这个方法。于是，我以"不需要背诵的英语会话！使用原来就知道的英语表现来说的英语"为基本概念，宣称"你原来就知道的英语表现形式，可以这样使用在英语会话上"，提出了情景式的全新英语教学概念，制作出"SONGlish"这个系列。

日文流行歌曲中使用的英语原本是负分的，但是，从背诵英文这个角度来看，对日本人来说，是会变成正分的。

就是因为我有这样的经验，因此在后来出版的《完全制霸！唱歌背诵英语语法》时，才创造出了唱日式英语歌这种想法。

我再举一个例子。

曾经有一名大二的学生，他因为想要创业，所以找到我进行咨询。他说："虽然我想创业，但我毕竟是个学生，这是一个问题。因为我的身份使我得不到社会的信任，而且也没有什么人脉……"

我一方面和他探讨他所认为的劣势，一方面给予提示："为什么你要和那些经验和人脉兼具的创业者站在同一个层级上竞争？学生应该也会拥有很多丰田汽车社长或索尼企业社长所没有的东西吧！"

两周后，他兴冲冲地提出了自己的商业计划。

他找到了。他找到了那些大企业社长所没有的东西，但却是学生拥有的。

例如说，他处于周遭都是大学生的环境中。

如果一个企业打算推出以大学生为主要销售群体的商品，应该非常希望能够有这种直接面向大学生进行市场调查的环境吧。

同样，对于打算招募实习生的企业，这样的环境也是求之不得的。

他通过参加各种异业交流会的机会，结识了很多商业人士，接着，接受这些人的委托，与朋友做了多次的临时工读。

他记住了我的话，也活用了那些经验。

日本的企业在招聘员工的时候，通常需要将招聘信息刊登在征人杂志上，同时必须花费一笔费用。如果能将这些信息告诉熟识的大学生，就会省下这笔费用，还能确保招到实习生。

另外，对于企业来说，通过"熟人介绍"的过滤机制，招到的人就不会是来历不明的人，也会比较安心。学生也会因为是通过朋友介绍的工作，为了不砸掉朋友的牌子，而认真做事。

后来，这名学生成立了以大学生为对象的人才派遣公司。

只要参加喜欢的聚会，结识社会人士，就是在经营业务，据说他不仅工作得开心，而且业绩也非常好。

有很多人会认为，学生身份创业是负分项，但是若能将负分转变成正分，才是厉害之处。

你认为的负分项，如果能转变成正分，那么将会是强有力的武器。

因为时间充裕，所以做不到

在制定策略的时候，不仅要思考该如何做，还要给自己一个完成的时间期限。

"因为没时间，所以做不到"，这是绝对的谎言。

真相是：**因为时间充裕，所以做不到。**

我创作这本书的时候也是这样，如果我没有给自己确定一个完稿时间，应该就无法完成。

那件事想写，这件事也想写，那本书想参考一下，这本书也想参考一下，那个人的研讨会也想去参加一下……

时间越是充裕，就越是没有完结，就会陷入没完没了的状态。

定下期限，根据目标开始推算回去，然后确定一个事情完结的时间点。

当我所打造的偶像团体有新的成员加入的时候，我就会马上确定新成员上台表演的时间。如果没有确定什么时候演唱几分钟的歌曲，新人训练的时候就会不够努力，歌词与舞蹈都记不下来。

相反，如果定了期限，让新成员知道从现在开始到上台演出这段时间中会有几次训练，他们在心理上就会觉得一定要练好这首歌，并且集中精力来做，如果时间不充足，也会积极提醒其他成员，自发练习。

订立期限，执行策略的行动才会产生深度，才能够充分利用时间。

因此，在制定策略时不要只考虑怎么做，还要将完成的时间考虑进去。

行动前，如果能够参考既有的想法和成功的案例，不囿于眼前的利益，先投资时间、精力和金钱，然后，不囿于固有思维，不断提出"为什么"来探究事物本质，寻找到达成目标的最短距离，如此，就能够完全掌握自信思考的第五个绝对原则。

掌握这些要点，燃起你的自信！

▲策略，就是找到达成目标的最短距离。

▲不要只是在脑中想，而是要具体地行动，很快就会找到最短距离。

▲"不可能"这三个字会让你停止思考，是恶魔的语言。

▲寻找最短距离的第一步是复制。

▲不囿于眼前的利益，先投入时间、精力和金钱。

▲无论是想法、资讯或者是具体事务，只要一觉得有问题，就要立刻放弃。

▲一旦受到"一定要这样做"或"这是理所当然的"等固有观念或常识的限制，就无法自由想象。

▲无论何时都要问"为什么"，然后找到属于自己的答案。

▲如果能够学会"抽象化"，就能够实现将不同性质的事物组合在一起而产生新的构想的能力。

▲将负分项转变成正分项，就会产生新策略和新想法。

▲制定策略的时候，不要只是想"怎么做"，也要将"什么时候做完"考虑进去，一定要确定期限。

第6章

有行动，才有结果

当别人请你帮忙的时候，在你说出"好"的时候，
会发生什么事情？
会获得怎样的学习机会？会在自己的身上
发生怎样的变化？
人生因为可能性而无限延伸。

事例6

木村慎太郎，30岁，在汽车销售代理公司担任销售员，开始的时候一直想创业。

每天他都认真研读商业书籍，周末的时候也会参加各种读书会或者异业交流会，逐步拓展人脉。

但是，创业就要全权负责的恐惧感一直围绕着他。

他觉得，自己在公司中要学的东西还有很多，而且也没有足够的资金和能力。他想，无法下定决心创业，就说明现阶段的自己并不适合开始创业。只要秉持着创业的信念等待自己成熟，随时可以开始，那个时候再创业就一定能够成功吧！

他认为自己应该再努力一些，因此又加入了周末举办的读书会。

"知道"和"做到"有着天壤之别

构成自信思考的第六个绝对原则是"行动"。吸收知识自然重要，但是行动比之重要数万倍。

无论知识多么丰富，策略多么完美，如果没有行动，这一切都毫无意义。

将它们化成实际产出，才会产生价值。

"知道"和"做到"有着天壤之别。

在我出版英语会话教材的时候，发生过这样一件事。

一位读者对我提出了这样的批评："只介绍这么简单的表现方法，根本没有办法学会英语对话。"

的确，我只是介绍了简单的英语表现方法。因为，通过中学的英语学习人们就已经可以进行日常对话了，也就是说，只要是稍微学习过英语的人，就基本可以应对日常的对话了。

举个例子来说，"你要在这里待多久？"用英语来说就是"How long will you stay here？"，这种程度的英语是中学生都能够理解的。

　　只不过，如果不能在该使用的时候立即使用，就不能算是英语对话，正因为如此，英语对话教材才应运而生。

　　"知道"与"做到"是完全不同的，那个对我提出质疑的人，如果不知道这一点，就没有办法学会英语对话。

　　事例6中的木村，虽然通过阅读和读书会得到了大量的知识，但是完全没有采取行动。如此，就算掌握再多的知识也是枉然。

　　对于他的情况，我们可以打个比喻，就像是他从朋友那里获得了足够的消息，也买了几本旅行指南，甚至都已经到了东京迪士尼乐园门口了，但是他一直站在门口思考：

　　"有人说太空山很好玩，也有人说巨雷山比较好玩。但是旅游指南上却说飞溅山才是最紧张最刺激的设施。但是，寻求紧张刺激是游玩迪士尼乐园的目的吗？这样说的话，小小世界这种设计似乎更合适吧。或者是，从小飞侠天空之旅或幽灵公馆开始玩比较好。但是，旅游指南上列出的游玩行程，是要先从小熊维尼猎蜜记开始玩。啊，等一下，这本旅游指南书上说的行程和其他的书上不同。嗯……怎么办呢，怎么玩才好呢？"

他还在思考的时候，闭园时间到了。

各位应该不想做这样的傻事吧。

什么都好，不去玩就不会前进。

即使排了两个小时的队，玩过之后觉得很无聊，也会得到"这个设施好无聊"的答案，这也是前进了一大步。

许多事情都是在试着行动之后，才开始对其有了解。

不采取行动，就完全不会有开始。

"想做"一件事的当下，就是行动的最佳时机

事例 6 中的山村，希望自己成熟的时候再展开行动，这样的想法也不是没有道理。"想做"一件事的当下，就是行动的最佳时机。现在不立刻采取行动的人，无论何时都不会采取行动。

不行动的人都有一个共同点，就是能够立刻想出"不行动的理由"。木村就是将没有资金和能力当作不行动的理由。

这样的人只是想着要做什么事，而那些事都是未知数，结果他们就会产生恐惧感，接着就会找出各种理由和借口阻止自己行动：

"最近比较忙，等忙完这阵再做吧。"

"虽然我很想做，但是没有熟悉的人能教我。"

……

在第 3 章 "确定真正的目标" 中，我就提到过，如果没有将真正想做的事情列为目标，那么就会出现上面的情况。

举个例子来说，三天三夜没有吃东西，肚子非常饿，身体马上要支撑不住了，而眼前有块面包。在这种情况下，就不

会产生这样的想法："如果需要我付钱就糟糕了，还是不要吃吧。"或是"不知道这块面包是什么味道的，还是不要吃了。"

在思考不吃的理由之前，就会先伸手拿起面包。

七年前，发生过这样一件事情。

住在高松的母亲，给我打来电话，哭着说道："我的脑子里长了肿瘤，而且是不容易处理的地方。医生诊断说，当地没有人可以切除，所以医生让我找住在东京的儿子，找个好一点的医生。"

当时，我的脑中一片空白，但是，"如果我找不到名医，母亲就会死亡"这个现实逼迫着我。

在这种情况下，我还能寻找到不行动的理由吗？例如"我最近工作很忙，没时间""这不知道需要多少钱，如果我经济状况好一些就能做""我没有熟识的脑外科医生"……

而我当时满脑子都是"不管怎样，都要找到世界上最好的医生"。

首先，我得知道我要找谁。

谁是世界上最好的医生？

结束和母亲的通话之后，我立刻打开了电脑，以"脑神经外科名医"作为关键字检索。

逐一浏览了搜索到的网页,好不容易锁定了福岛孝德这位医生。他是一个外号为"拥有神之手的男人""黑杰克"的医生,是每一个人都赞赏的全世界数一数二的脑神经外科医生,目前人在美国。

我也知道,他出版了一本将电视节目内容书籍化的作品,于是我一一打电话到各大书店去询问。

因为我已经没有时间网络购书,等到隔天取件了,所以当我知道池袋某家的书店中有库存的时候,就表示现在就去取货,然后立刻飞奔出家门。

书买回来之后,我一口气读完,心想就是他了,并发送了一封电子邮件到书后印刷的作者的电子邮箱中,表明希望他救救我的母亲。

三个小时后,我收到了福岛孝德医生的回复,他要我马上将母亲接到东京来,去一家指定的医院进行检查,然后将检查结果送到美国。

"我认为,这个肿瘤如果不是我,应该没法切除;即使是我,也是一个很难的手术,但是这没问题,我一定尽力而为。"

于是,我请他回到日本,为母亲做手术。

　　手术非常成功，肿瘤全部切除，母亲只住了两周的院，并且没有任何的后遗症，直到现在依然精神矍铄地生活着。

　　就像这样，将真正想做的事情定为目标，就不会产生不行动的理由。

　　会找不行动的理由，那说明当下的这个阶段，这件事对你来说并不是你真正想要做的事情。

　　所以，最好要从设定目标来重新开始。

将言出必行习惯化

如果你非常想做一件事情，但是却总是会找不行动的理由，那么可能是你已经养成去找不行动理由的习惯了。

这个时候，你不仅要意识到自己已经养成了这样的倾向，同时还要在开始寻找不行动的理由的阶段，就立刻人为停止这种思考，然后立刻行动，养成行动的习惯。

对于这一点，采取"言出必行"的做法非常有效。

一定要养成言出必行的习惯，哪怕只是一件小事，只要说出口了就一定去实现。

说"再联络"，就一定要联络。

说"饭后喝杯咖啡"，就一定要喝咖啡。

说"一起轻松地吃顿饭"，就一定要相约吃饭。

诸如此类的小事也一定要做到。

总之，完全排除客套话，说出口的事情一定要做到，铭记自己是一个言出必行的人。这样一来，当你说出想要做一件事情的瞬间，就不会去寻找让自己不行动的理由。

想做什么，都直接说出来。

说出来，就一定要实践。

将说出口的事赋予行动，那么内心就会充满能量。

借此慢慢养成习惯，不断累积能量，就会克服对未知的恐惧。

最后，就可以养成一旦想做什么事情就能够立刻行动的习惯。

你是自己人生的当事人

如同"言出必行"，若要有十足的行动力，就要具有当事人的意识。

看博客或者上社交网站的时候，你会发现，只会批评的人非常多，而日本的第2步道①更是其中的极致。

脸书（Facebook）在日本没有如同在欧美那样瞬间流行起来，最关键的问题在于需要以真实名字和照片登录。

到底是从什么时候开始，日本人变得如此卑劣？大部分人都会在隐藏身份的情况下，以旁观者的心态肆意批评，真是令人扼腕。

如果认为自己说的话是正确的，为什么不敢亮出自己的真实身份和照片？

无论是现实生活还是网络世界，批判他人的人已经足够多了，所以不要仅仅是批评，而是要提出可行性方案。

---

① 12ch，日本大型网络论坛，使用者众多，对日本社会具有很大的影响力。

如果无法提出任何方案，请不要批评。

要批评，就要提出可行性方案。

如果能够做到这一点，就不会是旁观者的身份，而是当事人。

作为旁观者，在关键的时候不会采取行动。

但是请记住，你自己就是你的人生的当事人。

首先要立刻说"好"

当别人对我提出要求的时候，我除了说"好"之外，不会有其他任何回答。

当然，我只有一个身体，所以一定会碰到已经和其他人约定好了，所以必须拒绝后来者的约定的情况。

另外，我基本上会答应任何的事情。

你知道，在职业摔跤中，那个被甩到绳圈上的摔跤选手，为什么要跳回场中央吗？

那是因为，跳回到场中央，未来就有无限的可能性。

如果摔跤选手被甩到绳圈上时，就立刻停止反扑，从观众的角度来看，就是通过"逃避"来结束比赛。

总之，这个瞬间只有一个结果。

而当被甩到绳圈上的摔跤选手跳回到场中央的时候，观众的想象力就会一下无限延伸、膨胀：方才被甩到绳圈上的选手，会采取什么样的技巧，弹回去时会如何……

摔跤和拳击不同。拳击是想尽办法迅速将对方打倒的力量之争，而摔跤是一方面要娱乐观众，一方面要让观众想象选手是否会获胜的运动，所以当摔跤手被甩到绳圈上后，要立刻跳回到场中央。

当别人请求你的时候，如果你一开口回答的就是"不"，那就和被甩到绳圈上就停止反扑是一个道理。

当别人请你帮忙的时候，在你说出"好"的时候，会发生什么事情？

会获得怎样的学习机会？会在自己的身上发生怎样的变化？

人生因为可能性而无限延伸。

然后，如果能够养成无论对方说什么，你都可以立刻回答"好"的习惯，并且立即化为行动，你就不会去思考不行动的理由。

只要不违法不逾礼，做什么都可以

"请问，我可以去上个厕所吗？"我上课的时候，经常会碰到学生这样问。

他们为什么要询问我的意见，我觉得不可理解。

对于上厕所这种事情，难道不是自己想去就去吗？

有很多人在做事情的时候都会寻求他人的许可，但是，一旦养成得到他人首肯才行动的习惯，就会变得什么都做不了。

自己想做的事情就去做，允许自己行动的人就只有自己，只是，你要对自己的行动百分百负责。这就是"自由"。

只要抛出"这样做没问题吧？"的想法，你就能够自我判断，自由行动。

我个人认为，只要不违法不逾礼，做什么都可以。

举个例子，这是我在去峇里岛时发生的一件事情。

某晚十二点之后，我忽然想泡澡，但是我的房间只有淋浴的设备，而饭店的按摩浴池使用时间是到晚上十一点。但是，当时我无论如何都想泡个澡，所以偷偷溜去使用按摩浴室。外国观光客在饭店规定的时间外使用按摩浴室，应该不违法吧。

因为我是在规定时间外使用浴室泡澡，所以按摩浴池并没有启动按摩功能。

就当我泡在宽敞的浴缸中，一边喝着自己带来的啤酒的时候，工作人员来了。他对我笑了笑，按下了按摩的开关。

我和工作人员愉快地聊天的时候，另外一位日本人也溜了进来。交谈后发现，他和我一样来自香川县高松市。

有意思吧！

在峇里岛的饭店里，两个半夜偷偷跑去泡按摩浴室的日本人居然是同乡。

因为我们很投缘，所以第二天相约一起开车去兜风。

在车上的时候，我兴高采烈地表示自己是动画片《小浣熊》的粉丝。结果，他告诉我，他在离开日本之前，动画公司的社长对他说："《小浣熊》即将放映三十周年，我希望你能够策划一些宣传活动。"社长将这件事交代给他之后，他就因为其他工作的原因，从日本成田机场飞到了峇里岛。

"这个工作绝对非泉先生莫属。"他这样说。

回到日本后，他立刻就将我介绍给了当时任职日本动画公司副社长、现在的社长石川和子女士。

没过多久，我就被任命为"小浣熊特别宣传部长"。

接着，纪念《小浣熊》放映三十周年的 DVD，都由我来担任小浣熊的配音演员。而且，在《小浣熊》舞中，我亲自穿上了小浣熊的人偶服装。

当我看到动画的片尾写着"小浣熊……泉忠司"的时候，我非常感动，因为这是我从初中开始就一直喜欢的角色。

我在按摩浴室中遇到的那个日本人，虽然当时已经离开动画公司而自行创业，但他在博报堂①的时候，安室奈美惠在单曲《Can You Celebrate？》之前的广告，都是由他来负责。

他就是广告界内赫赫有名的中条敬介先生。

正是有了在峇里岛不顾规定偷偷溜到按摩浴室去泡澡，才产生了这一段的缘分。

只要不违法不逾礼，什么都可以做。

不要等到他人的许可，才开始自己的行动，**自己的行动只需要自己的允许，只要为这个行动负起全责即可**。

在想到做什么事情的当下，就能自行判断并立刻采取行动，那么你就掌握了自信思考的第六条绝对原则。

---

① 日本数一数二的大型广告公司。

掌握这些要点，燃起你的自信！

▲ "知道"与"做到"有着天壤之别。

▲ "想做"某件事的瞬间，就是起身行动的最佳时机。

▲不去思考不行动的理由。

▲将言出必行习惯化。

▲别当旁观者，保持当事人的意识。

▲无论别人要求你做什么事，马上说"好"。

▲不要等别人许可才行动，你的行动只需要你自己的许可。

▲只要不违法不逾礼，做什么都可以。

● 第 *7* 章

愿景会激励你自我实现

如果在你不勉强的情况下，你拥有他人认为有价值
的东西，请不要吝啬，提供给他吧。
可以是金钱，可以是物质，可以是知识，
可以是技术，可以是时间，可以是话语。
什么都不要吝啬。

CHAPTER SEVEN

先自我实现，再支持他人

在前面的 6 个章节内，我们已经一一阐述了构成自信思考的六个绝对原则：

▲拥有自信，不需要任何根据；

▲学会运用理解；

▲确定真正的目标；

▲掌握分析技能；

▲拟定有效策略；

▲有行动，才有结果。

通过这六大绝对原则，就能实现自我。

简单来说，就是自己想要的东西都会得到，自己想做的事情都会实现。

首先，请先根据自信思考的前六大原则、前六步，获得你想要的东西。

然后，你就可以看到构成自信思考的第七个绝对原则：愿景。

前面我已经提到过多次，由于我父亲酗酒和赌博，毁了自己的人生，我们的家庭也因此变得负债累累。

对于我来说，那是一段不堪回首的过去。

小时候，全家人一起去家庭餐厅用餐，是一年一次最奢侈的享受。

当时，我虽然很想吃汉堡，但是因为价格，我觉得自己不应该吃，而点了最便宜的可乐饼。

小时候感受到的悲惨，一直留在我的心底。

我希望不再看价格，就买下自己想要的东西。

抱着这种想法的我，就这样度过了物质欲望最强烈的十来年。

人的欲望是无穷的。

能够得到自己喜欢的东西，当然很好，但是一旦得到了，就会想着要得到其他的。

这不仅仅体现在物质欲望上，对于想做的事情也是同样的道理，一旦做成了某件事情，就会希望再做到其他的事。

我出版第一本书的时候，仅仅是看到我自己的书摆放在书店的书架上（以看得到书脊的方式摆放着），就感到很兴奋很满足，但是，没过多久，我就对这种不是以露出封面的摆放方式感到不满。

接着，我出版了第二本书。

这次终于可以以呈现出封面的方式摆放在书架上了，我真的很高兴，但不久又因为不是摆放在平台上而不满。

然后，等到我的书终于如己所愿地摆在平台上之后，我又因为没有被摆放在书店内的畅销区域而感到不满。

当我的书被摆在书店的畅销区后，我又对没有以店内的推车销售感到不满。

当我的书被放在推车内销售后，我又对书店外没有悬挂相关的宣传条幅而不满。

人的欲望是无穷的。

最后，我终于悟出一个道理。

"若因为能够得到某种东西，就会感到幸福"，这种想法本身就是错误的。

是的，乘坐豪华游轮畅游加勒比海，享受法国大餐的美妙，

这的确很幸福。但是，在一间小小的公寓内，最爱的人用冰
箱中现存的东西煮出一锅大杂烩，两个人一起吃，这也是一
种幸福。

哪种情况更幸福？

它们是不同的幸福。

可以确定的是，这两种情况都很幸福。

小时候，和家人在家庭餐厅一起分享可乐饼，这是多么
幸福的事情啊。可惜这是我在自己的物质欲求得到充分满足后
才意识到的。

幸福，不是因为可以获得某个东西，而是"当下我所拥
有的一切，都让人感到满足"。

只要明白这个道理，就会觉得自己永远都是幸福的。

然后，就会温和待人。

那些讲述成功法则的书常常会这样说："我们必须拥有
造福他人、造福社会的愿景，不是只为了自己。"

我承认这个观点的正确性，但是，我认为应该是先达到
自我实现后，才能达到这个境界。

　　这个世界上的确存在自己饿着，而将面包给予他人的圣人，但是包括我在内的大多数人，如果自己也是饥饿的，那一定会将面包留给自己，靠自己的劳动而获得面包的人更会这样。

　　正是因为如此，首先要满足的是自己的欲望。请根据自信思考的第一步至第六步，来实现自我。

　　如果能够得到自己想要的东西，实现想做的事情，那么你就一定能够做到可以支持他人的愿景。拥有这种愿景的人越多，这个世界就会变得更加美好。

温情无处不在

人无法独立生存。

一个人可以做到的事情有限。

虽然，直到现在为止，我想做的事情全部都做到了，但没有一件事情是我独自完成的。

实现的目标越多，我要感谢的人就越多。

刚开始的时候，可能我们没有余力做什么，但是在一步步地实现自我之后，请试着思考，为了他人，我能做些什么。

不必一下子就想到一个巨大的任务，例如要为社会、国家，或者为了全世界做点什么。

先从眼前最重要的人，比如家人、朋友、恋人等，想一下自己可以为他们做些什么。

支持他人，能够加速自我实现。

这是因为你帮助了他人，他人也会反过来帮助你。

抱着"予和得"（Give and Take）的人，只是在计算利益的得失。

转变成"予和予"（Give and Give）的精神吧。

如果在你不勉强的情况下，你拥有他人认为有价值的东西，请不要吝啬，提供给他吧。

可以是金钱，可以是物质，可以是知识，可以是技术，可以是时间，可以是话语。

什么都不要吝啬。

请给予你的温情。

我在希腊圣托里尼岛旅行的时候，发生了这么一件事情。

当我深夜到达饭店的时候，打算办理入住的手续，但是服务台的副经理却告诉我，没有我预约的信息。

但是，我确定已经在伦敦的旅行社预约了饭店，并且支付了费用，所以我将自己支付费用的收据出示给他。

对方却说："您是搭乘出租车来的吧？这里有些出租车司机的确会伪造预约的收据给旅客，您上当了。我们确实没有收到您的预约资料，这张收据是假的。"

接着，我们争论了一会儿。

我请他们将电话借给我用一下："我可以支付拨打伦敦

的长途电话费，我要和开这张预约收据的旅行社确认。"

打过电话确认后，才知道是旅行社忘记将我的预约资料传真给饭店。

副经理和我说明："事实上，由于伪造预约收据而上当的人的确不少，所以我们才提高了警惕。"他也向我道了歉。

"现在事情弄清楚了，请给我办理入住手续。"我说。

结果，他十分抱歉地说："我们当然欢迎您的入住，但由于现在是旅游旺季，所有的房间都客满，我们没有多余的房间可以提供。"

于是，我请他帮忙："那么，不管是什么地方，我希望你能给我介绍一个附近的其他饭店。"

"现在是旺季，无论是最高级的饭店，还是最廉价的旅馆，都处于客满状态。"副经理虽然这样回答我，但还是打了几个电话。

电话挂断后，他说："这附近有家旅馆还有空房，是这个地区最高级旅馆的最高级的客房。"

"那么高级的旅馆，我住不起。"

这位副经理说："刚才对您的怀疑，我深表歉意。您是日本人吧？其实我有一次在德国旅行的时候,碰到了一点麻烦,正当我不知如何是好的时候，多亏了一个日本人的帮忙，那个时候我真是太感激了。所以，这一次我也帮助您。您住的那间旅馆的费用由我们全额支付，请您不要担心。虽然我们没有足够的房间请您入住，但是明天、后天，都请您到我们餐厅来用餐。为了表示对您的歉意，用餐费用全部由我们承担。"

第二天，我来到这家旅馆的餐厅，真的得到了免费的招待。而且我在五星级饭店中带有游泳池的高级套房中住了三个晚上。

最后,我心怀忐忑地办理退房手续的时候，旅馆人员表示："那家饭店已经支付了入住的费用。"

通过这样的亲身经验，我感受到了人间充满的温情，也深深地觉得"用自己能够做到的事情，来善待他人吧"。后来，我越是秉持着"予和予"的态度，我实现自我的速度就越迅速。

温情无处不在。

你越是给予他人温情，温情就越会通过各种各样的形式回到你的身边。

对当下拥有的事物感到满足，就会处于自己一直都很幸福的状态。若能抱着"予和予"的态度，给予他人温情，那么就能够完全学会自信思考的第七个绝对原则："愿景会激励你自我实现"。

掌握这些要点，燃起你的自信！

▲幸福，不是因为可以获得某个东西，而是"当下我所拥有的一切，都让人感到满足"。

▲一旦感到自己一直是幸福的，就会善待他人。

▲如果能够得到自己想要的东西，实现想做的事情，那么你就一定能够做到可以支持他人的愿景。

▲支持他人，会加速你自我实现的速度。

▲抱持着"予和予"的精神。

▲如果在你不勉强的情况下，你拥有他人认为有价值的东西，请不要吝啬，提供给他吧。

▲温情无处不在。

总结

第 1 步 拥有自信，不需要任何依据

● 拥有绝对自信。

● 自信不需要任何根据。

● 即使是未知的、没有经历过的事情，也不过是"恰巧"
而已。

● 对于人没有不可能的事。

● 他人只会否定，不要受他人意见的左右。

● 成为自己人生的掌控者。

第 2 步 学会运用理解

● 人生不过在于如何理解。

● 我们无法改变事实，但能够改变理解。

● 事后回想，每件事都会有与当时完全不同的感受，所以，
改变理解就从当下开始。

● 世界上没有唯一绝对的答案。

● 即使感到沮丧，也要立刻振作起来。

第 3 步 确定真正的目标

● 将真正想要的事物设定为目标。

● 目标必须能够引发自己的全部热情。

● 一个充分完美的目标，除了要有热情之外，还要拥有使命感。

● 将目标视觉化、具象化，烙印在脑海中、潜意识中、情感中。

● 拥有明确目标，吸引力法则就会实现。

● 设定合理的小目标，并尽可能地细化。

● 将小目标设定为自己觉得有五成达成率的目标。

第 4 步 掌握分析技能

● 自我分析时，不过度放大或缩小自己，接纳自己最真实的样子。

● 将所有事物，依据自己的重视程度，从高到低排序，明确形成顺序的关系。通过这个过程，了解自己的价值观。

● 分析目标的过程中，在进行资讯的收集时，不要全盘接受媒体传达出的讯息。

● 通过接收尽可能多的资讯、确保资讯对等化的前提下，建构自己心目中的真实。

第5步 拟定有效策略

● 策略，就是找到达成目标的最短的距离。

● 不要只是在脑中想，而是要具体地行动，很快就会找到最短的距离。

● "不可能"这三个字会让你停止思考，是恶魔的语言。

● 寻找最短距离的第一步是复制。

● 不囿于眼前的利益，先投入时间、精力和金钱。

● 无论是想法、资讯或者是具体事务，只要一觉得有问题，就要立刻放弃。

● 一旦受到"一定要这样做"或"这是理所当然的"等固有观念或常识的限制，就无法自由想象。

● 无论何时都要问"为什么"，然后找到属于自己的答案。

● 如果能够学会"抽象化"，就能够实现将不同性质的事物组合在一起而产生新的构想的能力。

● 将负分项转变成正分项，就会产生新策略和新想法。

● 制定策略的时候，不要只是想"怎么做"，也要将"什么时候做完"考虑进去，一定要确定期限。

第 6 步 有行动，才有结果

● "知道"与"做到"有着天壤之别。

● "想做"某件事的瞬间，就是起身行动的最佳时机。

● 不去思考不行动的理由。

● 将言出必行习惯化。

● 别当旁观者，保持当事人的意识。

● 无论别人要求你做什么事，马上说"好"。

● 不要等别人许可才行动，你的行动只需要你自己的许可。

● 只要不违法不逾礼，做什么都可以。

第 7 步 愿景会激励你自我实现

● 幸福，不是因为可以获得某个东西，而是"当下我所拥有的一切，都让人感到满足"。

● 一旦感到自己一直是幸福的，就会善待他人。

● 如果能够得到自己想要的东西，实现想做的事情，那么你就一定能够做到可以支持他人的愿景。

● 支持他人，会加速你自我实现的速度。

● 抱持着"予和予"的精神。

● 如果在你不勉强的情况下，你拥有他人认为有价值的东西，请不要吝啬，提供给他吧。

● 温情无处不在。

后记

做自己想做的事，让人生更精彩

到目前为止，我已经得到了自己想得到的一切。但是，现在我有一个特别想实现的目标。

那就是，创造出让下一代以及下下一代，感到幸福的日本。

扭开水龙头，就是可以直接饮用的水；开关一开，就有电可以使用。

我去过世界上数十个国家，我深知这样的条件并不是轻而易举就能实现的。

生活在日本这样的国家，生活是富足的。

尽管这样，日本人的自杀率和欧美国家相比，还是高得惊人。

"一个人很孤独""找不到自己存在的价值"，在日本有这种想法的年轻人数量居于世界首位。

对于健康，世界卫生组织（WHO）这样定义：

"健康不仅是躯体没有疾病，还要具备心理健康、社会适应良好和有道德。"

根据这个定义，日本的卫生状况良好，医疗设施充足，食物不匮乏，在"躯体没有疾病"这一点上，日本可以说是数一数二的国家。

但是，从自杀率，以及大多数十几岁、二十几岁的年轻人"找不到自己存在的价值"这个角度来看，当然可以说是从"心理健康"和"社会适应良好和有道德"方面，是处于末位的国家。

说得简单一点，现在的日本处于不健康的状态。

而且，这个时代正处于经济不景气，并遭受重大自然灾害影响而不安定的时代。

正是因为处于这样的时代，每个人才更应该拥有自信。

拥有绝对自信吧！

不需要任何依据。

你能做成任何事情。

你有无限的潜力。

对于家人、朋友，甚至是身边的每一个人，还有国家、全世界，你都是一个无法取代的宝贵存在。

你可以给予这个国家和世界无穷的力量。

请做你想做的任何事情，让你的人生更加精彩。

如果每个人都在做自己想做的事情，都让自己的人生更加精彩，并在这个过程中，贡献出自己的温情给其他人，而且形成循环，那么这个国家，不，全世界都会充满幸福。

这就是我要达成下一个目标——创造出让下一代以及下下一代，感到幸福的日本的最短距离。

也就是"自信思考"。

图书在版编目（CIP）数据

自信思考/（日）泉忠司著；傅仲译. 一武汉：武汉大学出版社，
2016.7（2022.9重印）

ISBN 978-7-307-17806-9

Ⅰ．自… Ⅱ．①泉… ②傅… Ⅲ．成功心理—通俗读物

Ⅳ．B848.4-49

中国版本图书馆CIP数据核字（2016）第089099号

Confidence Thinking Seikou no tameno Nanatsu no Zettaigensoku
Copyright © Tadashi Izumi 2012 All rights reserved.
First original Japanese edition published by FUSOSHA Publishing Inc.
Chinese (in simplified character only) translation rights arranged with FUSOSHA
Publishing Inc.
Through CREEK & RIVER Co., Ltd. and CREEK & RIVER SHANGHAI Co., Ltd.

本书原版版书名为コンフィデンス・シンキング ~成功のための７つの絶対原則~，
作者泉忠司，由株式会社扶桑社 2012 年出版。
版权所有，盗印必究。
本书中文版由 CREEK & RIVER Co., Ltd. 和 CREEK & RIVER SHANGHAI Co., Ltd.
版权代理公司授权武汉大学出版社 2016 年出版。

责任编辑：袁侠　刘汝怡　责任校对：林方方　版式设计：刘小静

出版发行：**武汉大学出版社**　（430072　武昌　珞珈山）

（电子邮箱：cbs22@whu.edu.cn 网址：www.wdp.com.cn）

印刷：北京一鑫印务有限责任公司

开本：880×1230　1/32　印张：7　字数：180千字

版次：2016年7月第1版　2022年9月第5次印刷

ISBN　978-7-307-17806-9　定价：42.00元